NF文庫
ノンフィクション

# 海軍夜戦隊史
## 〈部隊編成秘話〉

月光、彗星、銀河、零夜戦隊の誕生

渡辺洋二

JN158702

# はじめに

古今の戦史をひもとくと、夜の戦いはたいていの場合、弱者が強者に対し攻勢に出るさいに発生し、また昼間の戦いにくらべて規模がずっと小さかった。つまり総体的にマイナーな戦いがほとんどだったと知れる。

闇のベールをかぶって相手の目をかすめ、奇襲的に攻撃をかける例は、航空の分野でもすでに第一次世界大戦からあった。搭乗クルーに専門員がいるために、航法能力に優れた爆撃機あるいは飛行船が、都市空襲に侵入する。これを邀撃《ようげき》したのが単座の戦闘機と複座の多用途機で、すなわち夜間戦闘機の始まりだった。

夜空の攻防戦で、イギリス、ドイツそれぞれが撃墜戦果をあげたけれども、爆撃機も夜間戦闘機もわずかな数の出動にとどまって、戦争のなりゆきには影響を及ぼさなかった。

飛行機の性能と軍事航空の価値が、飛躍的に向上した第二次世界大戦。ヨーロッパとアジア／太平洋とに分かれて展開された大規模な航空戦のなかで、緒戦時の夜間空戦は既存の戦史の延長にすぎない、ささやかな規模で進んだ。ヨーロッパでは、昼間行動をとりがたい脆弱《ぜいじゃく》な爆撃機が、英独たがいに相手の本土に投弾し、双発および単発の夜間戦闘機がこれに対抗した。アジア／太平洋でもソロモン諸島やビルマ方面で、日米、日英の小規模な夜間空襲のかけ合いへと進み、邀撃《ようげき》戦闘機とのあいだに夜間空戦が試みられた。

ただし日本については、海軍が受けもった南太平洋での邀撃戦と、陸軍担当による大陸での使用機材の内容には、はっきりした差がある。どんな戦闘機にでも、技倆《ぎりょう》優秀者が乗って夜空へ上がった陸軍においては、独立した「夜間戦闘機」のカテゴリーは最後まで作られなかったのに、海軍は偵察員を乗せた二座（複座）または電信員を加えた三座の夜間戦闘機を制式化し、のちに丙戦と呼んだ。

ヨーロッパとアジア／太平洋における夜間航空戦には、似かよった面とあい反する面が一つずつある。

似かよった面は、夜間空襲の大攻勢だ。ヨーロッパでは一九四二年（昭和十七年）

からドイツ本土へ、アジア／太平洋では一九四五年（昭和二十年）に日本本土へ、古来の戦史の常識をくつがえす「勝者による夜の大攻勢」が幕を開けた。英重爆一〇〇〇機とB－29三〇〇機とでは、絶対量がひどく異なるように感じられるが、空襲のインパクトや「価値」はむしろ後者の方が大きい。逆に、ドイツと日本が米英に対して実施した夜間空襲のスケールが最後まで小さかったのも両戦線に共通している。

ヨーロッパの夜空の戦いは、年を追うごとに電子戦の様相を濃くしていった。相手を捕らえるレーダーはもとより、レーダー波を感知するホーマー、レーダー波を妨害するジャマーなど、つぎからつぎへと敵の裏をかく電波装置の開発競争が進み、実戦に投入された。

アジア／太平洋における夜間戦闘機の初戦果は、日本海軍と米陸軍がどちらも一九四三年（昭和十八年）の春にソロモン諸島で記録した。しかし、日本海軍が個人的な努力のおかげで夜間戦闘機を偶発的に持てたのにくらべ、米側は陸軍、海軍／海兵隊ともに戦前から夜間戦闘機と機器材の研究・開発に着手していて、米陸軍の夜戦部隊の編成は開戦から半年のうちになされた。

したがって、同じような時期に同じ戦線に姿を現わしたと言っても、内容には大差があった。機上搭載レーダーを備え、地上レーダーの協力を得て接敵・捕捉する米夜間戦闘機とは違い、日本夜間戦闘機は搭乗員の肉眼と勘だけで攻撃をかけるのだ。敵対する片方がレーダー一つ持たないで戦ったのは、ヨーロッパとまったく異なる点である。あらためて、基礎工業力に裏付けられた電波兵器の、レベルの違いを痛感せざるを得ない。

日本の夜間戦闘機を夜間戦闘機たらしめた唯一の兵装は、機銃を胴体に上向きに取り付けた「斜め銃」だけだ。ユニークではあっても、機構的、技術的にはなんら新味のない兵装である。だが、これすらなければ、日本夜間戦闘機の機材としての存在価値は皆無に近いままで終わっただろう。

海軍の夜の搭乗員たちは、単純明快なこの機銃と自分の技倆、度胸を頼りに、敗戦の日まで戦い続けた。使える機上レーダーを生産できなかった低い技術力と工業力、夜間航空戦に関して有効な策をなにも打てなかった航空本部、軍令部など上層部の無力を、嘆くいとますらない戦況のもとで、彼らは奮戦し苦闘し、成しうるかぎりの戦果をあげて力つきた。

広大な太平洋戦線のほぼ全域にちりばめられた数多《あまた》の夜の交戦のすさまじさ、また彼らを支えた地上員たちの努力は、詳細な記録として後世に伝えられねばならない。いまだ充分とは言えないけれども、主力の座を占める「月光」を軸につづった本書が、ささやかながらも、日本海軍夜間戦闘機隊の一墓碑銘として存在してくれれば、これ以上の喜びはない。

日本の海軍と陸軍の用語は、各種の分野で異なっている。わざわざ違えている、と判断して間違いではないだろう。

陸軍が口径七・七ミリおよび七・九二ミリを「機関銃」、一二ミリ以上を「機関砲」と称するのに対し、海軍は七・七ミリから四〇ミリまですべて「機銃」で統一した。米英は一二・七ミリまでが「機関銃《マシンガン》」、二〇ミリ以上が「機関砲《キャノン》」、ドイツは一二ミリ以上が「機関砲《カノン》」で二〇ミリ以下が「機関銃」（マシーネンゲヴェーア）だ。

飛行機に乗り組むクルー海軍が「搭乗員」、陸軍が「空中勤務者」で、パイロットはそれぞれ「操縦員」、「操縦者」と呼ぶ。陸軍の複座機は海軍で「二座機」と言われ、「後席」（海軍。陸軍は「後方席」）の「同乗者」（陸軍）はより立場が重い航法担当の「偵察員」（海軍）。同一機に乗り合わせる二人以上のクルーは「ペア」であり、対応する陸軍の用語はない。

搭乗員の出身については、海軍兵学校生徒を海兵、海軍機関学校生徒を海機、飛行予備学生（期により呼称に差がある）予備学生または予学、操縦練習生を操練、偵察練習生を偵練、甲種（乙種、丙種）飛行予科練習生を甲飛（乙飛、丙飛）と略記した。階級は、飛行兵曹長（陸軍の准尉に相当）を飛曹長、上等飛行兵曹を上飛曹（同・曹長）、飛行兵長を飛長（同・兵長）、上等飛行兵（同・上等兵）を上飛と略すのがならわしで、開戦前は「飛行」のかわりに「航空」をあてた。整備員の場合は整曹長、上整曹のように、「飛」の部分が「整」に入れ替わる。

航空隊の名称は、一桁または二桁のナンバーが付いたものを除き、横須賀海軍航空隊、第三〇二《さんまるふた》海軍航空隊などと記すのが正しいが、横須賀航空隊、第三〇二航空隊、あるいは横須賀空／横空、三〇二空を適宜に用いた。いずれも、フルネームを記したさいの読みにくさを避けるためである。

海軍も陸軍も、兵器を示す固有名詞にはカッコや傍線を用いず、飛行機の場合なら機種名に続けて表記した。夜間戦闘機月光（月光は制式名称）、二式複座戦闘機屠龍（屠龍は通称）などである。しかし、漢字の連続は読みにくさにつながるため、便宜上「月光」「屠龍」とカッコでくくってある。組織名でも「月光」分隊、「屠龍」部隊など、同様の処置をほどこした。

なお、会話を示す「　」内で（　）で、くくってあるのは省略された語句を示している。

# 海軍夜戦隊史〈部隊編成秘話〉——目次

## 3 部隊編成すすむ

## 4　マリアナをめぐって　251

# 海軍夜戦隊史〈部隊編成秘話〉

——月光、彗星、銀河、零夜戦隊の誕生

# 1

# 双発遠距離戦闘機の挫折

## 流行はヨーロッパから

各種の兵器を進歩させた第一次世界大戦で、初登場にもかかわらず急速に力をつけ、以後も着実に成長し続けるのが飛行機だ。空を戦場とするこの兵器は、一九三〇年代（昭和五～十四年）に入って、さらに大がかりな脱皮の時期を迎えた。

布を張りめぐらした胴体は金属張りへ、主翼は複葉からすっきりした単葉へ、主脚は固定式から引き込み式へと移り始め、より空気抵抗の少ない機体へと進んでいく。これと並行してエンジンの出力は向上し、プロペラも可変ピッチ式が実現するなど、高性能化に拍車がかかる。

これらの新機軸は当然ながら、まず軍用機、とりわけ戦闘機に導入された。わずかな性能の優劣が勝敗にもっとも敏感に影響する機種だからだ。一九三五年（昭和十年）九月にドイツのメッサーシュミットＢｆ109の、翌三六年三月にイギリスのスーパーマリン「スピットファイア」の、それぞれ試作一号機が初飛行。日本でも一九三五年二月に三菱九試単座戦闘機（のちの九六式艦上戦闘機）の試作一号機が進空する。技術革新をこなした一九三五年からの二〜三年は、第二次大戦機の基盤が固まった、軍事航空の躍進期だった。

新技術の潮流は、あらたな機種の誕生につながった。それは一九三四年に、フランスとドイツで生まれた双発多座戦闘機の構想である。

一九三〇年代の初めまで、戦闘機と言えば小型・軽量の単発単座が通り相場だった。軽快で速く飛ぶのが主目的で、長時間飛ぶための航続力はあまり問題にされていなかった。それを改善し、航続距離の延伸をはかるのが、双発多座戦闘機の第一のねらいなのだ。

航続距離が増せば、爆撃機部隊の露払いとして長駆、敵地に先行して斬り込みをかけられるし、爆撃目標の上空まで掩護《えんご》してもいける。航法士が乗っているから、単独で飛んでも針路を誤りはしない。エンジンを二基にし、大型化した機体内により多くの燃料を積みこめば、長距離飛行性能を実現できる。

機体が大きくなれば必然的に重量と空気抵抗は増大するが、そのマイナスを双発、つまり二倍の出力でカバーし、できればさらなる余力によって単発機よりも高速をも

上：双発戦闘機として最初に進空したポテーズ630原型1号機。テスト飛行にさいしエンジンの整備を受けている。中：長距離戦闘機に続き夜間戦闘機として敗戦まで使われ続けるメッサーシュミットBf110の原型1号機V1。

フォッカーG.Ⅰの原型機（実大模型か）が1936年（昭和11年）のパリ航空ショーに展示された。

くろむ。エンジンがない機首部には、大口径機関砲や多数の機関銃を内蔵でき、大型爆撃機の邀撃にもってこいだ。馬力に余裕があるから、爆弾を積んで攻撃機としても使えるし、カメラを載せれば高速偵察機に変身させられる。

長距離侵攻、掩護、邀撃、地上攻撃、偵察——様々な用途をこなしうる効率のいい多目的機が、双発多座戦闘機のめざす目標だった。飛行機の設計・製作技術が進んでくれば、考えつくのがむしろ当然の機種、とも言えよう。

「多座」とは二人以上の乗員を示す。フランスは三座機と定めてポテーズ630を一九三六年（昭和十一年）四月に、ドイツは二座機を選びメッサーシュミットBf110を同年五月に、それぞれ初飛行させた。これにオランダが続いて、重爆撃機の邀撃に主眼を置いた双胴・二座（のちに三座型も製作）のフォッカーGIが、一九三七年に初飛行。この年の九月にはアメリカのベル社が、五座の巨人戦闘機ベル

上：多用途に使われていくブリストル「ボーファイター」の原型1号機。初飛行のころの撮影。下：双発単座の原型1号機 Fw187V1。のち軍の要望に合わせて二座型が作られるが、Bf110に双発戦の座を奪われる。

XFM－1「エアラキューダ」の進空にこぎつけた。

双発多座戦闘機ブームはさらに尾を引く。一九三九年七月、イギリスの二座機ブリストル「ボーファイター」が初飛行。三座形式を採用のフィアットCR25も、この年のうちにイタリアで飛んだ。列強こぞっての開発状況を見れば、一九三〇年代の後半に一つのブームを成したのが分かる。

それとは別に、アメリカのロッキードP－38「ライトニング」、グラマンXF5F「スカイロケット」、ドイツのフォッケウルフFw187、イギリスのウェストランド「ホワールウィンド」といった、やや遅れて試作が始まる双発単座戦闘機の一群がある。早めに手がけられたFw187をのぞいて、一九三〇年代末から一九四〇年にかけて初飛行した、第二世代の双発戦とも呼べるこれらの機は、高速と重武装をねらったけれども、目的を達したのはP－38だけだった（木製万能機の名を得たデハビランド「モスキート」の始まりは二座の軽爆撃機）。対単発戦闘機の空戦もこなせる本格的なレシプロ双発戦が、生まれる可能性は実際にはごく少ない、と気づくのはこのあとである。

## 開発への動機

欧米の航空先進国に、追いつき追い越そうと努める日本が、双発多座戦闘機ブーム

定見なき陸軍にとって、初めての双発複座戦闘機であるキ三八の風洞模型。エンジンは液冷のハ九。双発戦の概念を把握するための発注であり、後続するキ四五とは別機だ。

の発生に目をつけないはずはない。とりわけヨーロッパに傾倒していた陸軍が、まず動き出した。

昭和十二年（一九三七年）に入ってまもなく、陸軍航空兵力の強化を促進する軍需審議会で、複座戦闘機が話題にのぼり、爆撃機の掩護を主目的に開発する方向へ進んだ。三月、中島飛行機、川崎造船所（のちの川崎航空機）、三菱重工業の三社に研究設計を指示。中島と三菱は多忙などの理由で辞退し、川崎だけが十月に実大模型《モックアップ》（本物と同じ大きさの木製の模型）を完成した。これがキ三八で、双発複戦とはどんなものなのかを知る形状視認が目的だったらしく、実機は作られなかった。

実機の製作にとりかかったのは、十二年の年末に川崎が試作を受注したキ四五である。キ四五は昭和十四年（一九三九年）に完成したけれども、飛行性能の不足、エンジン不調などから不採用に決定。十五年十月には全面的に改設計をほどこしたキ四五改の試作が発注され、十七年二月に二式複座戦闘機として制式の採用にいたる。一般に「屠龍」の愛称で呼ばれる、日本軍で唯一の制式双発戦闘機（夜間戦闘機ではない）がそれだ。

陸軍のキ三八研究設計指示から一年三ヵ月、その具体化版のキ四五の試作発注からでも半年おくれの昭和十三年の初夏、海軍も三菱と中島に双発多座戦闘機の開発計画を伝えた。その理由はどこにあったのか。

一年ちかくさかのぼった昭和十二年七月に日華事変が勃発《ぼっぱつ》している。初めは「戦果不拡大」の方針をとった日本軍は、たちまち戦いにのめりこみ、広大な中国大陸での果てしない追撃戦に移行した。日本軍の航空戦に関する作戦協定では、華北方面を陸軍が、華中と華南方面を海軍が、それぞれ主担当を務めると決められた。

日華事変の航空作戦といえば、すぐに浮かんでくるのが九六式陸上攻撃機による渡洋爆撃と奥地爆撃だ。事変勃発後まもなくの八月中旬、長崎県大村、台湾・台北から上海、南京、南昌付近の中国空軍基地に、荒天をついて空襲をかけた、渡洋爆撃の名は広く知られている。けれども、高度な飛行技術を要した点はともかく、数日で終わり、海軍航空の流れに影響を与えるところまでいかなかった。

これに対して、四川省・成都、重慶、甘粛省・蘭州上空への長距離進攻、すなわち奥地爆撃は、昭和十三年秋から十六年まで断続的に実行される。たとえば漢口基地から重慶までは七八〇キロ、九六式艦上戦闘機の行動半径ではとても及ばない彼方《かなた》へ、護衛をつけずに飛んだ陸攻隊は、中国戦闘機の邀撃に苦しんだ。この窮状を救ったのが零式艦上戦闘機で、たちまち敵機を圧倒し、今日《こんにち》まで続く「太平洋戦争前半までは無敵」なるゆがんだ零戦神話を生み出す基盤を作った。また副次的に、陸攻の耐弾性の向上を考える機会を奪ってしまったとも言えるだろう。

零戦が登場する以前の奥地爆撃こそが、海軍の双発多座戦闘機が生まれるベースだった——とする考え方は、いかにも妥当なように思えてくる。掩護なき裸の陸攻隊が、敵戦闘機にたかられる状況を知れば、誰にでも自然に浮かぶ発想だからだ。

ところが、国民政府の首都・南京攻略（昭和十二年十二月）から十三年十月の漢口占領にいたるまで、主要航空作戦は九五式、九六式の両艦戦の航続力でおおむねカバーでき、とりたてて長距離掩護戦闘機の必要性は感じられなかった。十二年十二月の蘭州攻撃二回、十三年二月の重慶攻撃一回と、日華事変初期の奥地空襲は皆無ではないけれども、回数もわずかなうえ、陸攻隊が苦痛を感じるほどの被害は出なかった。

したがって、昭和十三年の初夏に海軍航空本部（飛行機、搭載兵器の生産計画、審査や飛行方法の研究などを担当。陸軍にもある）が、三菱と中島に双発多座戦闘機の

霞ヶ浦航空隊での九六式艦上戦闘機による単機空戦の状況。八九式活動写真銃に写った相手を、後下方から光像目盛の中央に確実に捕らえている。

開発を打診したときの考えは、「ヨーロッパでもやっているから」であり、「陸軍が持つなら、われわれも」の惰性《だせい》の産物と見るべきだろう。サイズが大きいから航空母艦での運用ができず、海軍にとって初めての陸上戦闘機に生まれるはずのこの異色機には、「ぜひとも」の需要はなかったのだ。

このころの日本は陸軍も海軍も、クルクル小回りがきく軽戦闘機の全盛時代で、たがいに旋回能力を競って相手の後ろにつく、一対一の格闘戦が主戦法とみなされ、これに秀でざるものは戦闘機にあらずの考えに、用兵者たちはひたりきっていた。太平洋戦争の中期から主流を占める編隊での高速一撃離脱（ストレートに接近、連射を加えて、そのまま相手から離れていく）などは見向きもされない時期だった。

もともと一騎打ちを好む日本人が、単機機動戦闘法に邁進《まいしん》する風潮のなかでは、どちらかと言えば重戦闘機に属し、機敏な動きを求めにくい双発多座戦の開発に、熱を上げられるはずがない。陸軍のキ三八、キ四五に対する「まあ、試作だけはやってみよう」という雰囲気《ふんいき》が、海軍にもただよっていたと思われる。

## ふくらんだ要求性能

航空本部が三菱と中島に双発多座戦の計画を示した昭和十三年の初夏のころ、三菱は十二試艦上戦闘機（のちの零戦）、十二試陸上攻撃機（のちの一式陸攻）、新型司令部偵察機キ四六（のちの百式司令部偵察機）、襲撃機キ五一（のちの九九式襲撃機）の設計、十試水上観測機（のちの零式観測機）の改修などで多忙のため、中島の単独開発に決まった。この時点から中島の設計部門は動き出す。

当時、中島飛行機・設計課で戦闘機班の主要メンバーは、陸軍の典型的な軽戦・九七式戦闘機を生んだ小山悌《やすし》技師を長として、九五艦戦の森重信技師、十二試水偵の井上真六技師、それに永志《ながし》政広技師で構成されていた。海軍の打診があってまもなく、双発多座戦の基礎設計に取りかかったのが永志技師だった。

永志技師は二座案を採用。全備重量三六〇〇キロ、のちにでき上がる双発戦闘機よりも二まわりほど小さな、ちょうど陸軍の双発複座戦キ三八かキ四五にならぶ大きさ

被墜後に運搬され、中国人の戦意高揚のために漢口の公園に展示された九六式陸上攻撃機。

の機体を作る概念をもっていた。双発なりに、良好な空戦能力（運動性）の実現を考えたためだろう。

ところが彼の基本構想を、大きく揺さぶる事態が発生した。震源地は、日華事変が泥沼と化しつつあった中国大陸である。

昭和十三年十月下旬、日本軍は国民政府の臨時首都、すなわち揚子江中流域の湖北省・漢口をも占領したが、中華民国の首脳部はさらに奥地の揚子江上流にある重慶へ後退し、徹底抗戦を表明。戦域は一気に広がって、敵の首都の重慶、主要都市・成都、蘭州の航空基地へ、海軍の陸攻隊と陸軍の重爆隊が、日本軍にとっては大規模な空襲をかけ始める。

これら奥地への爆撃作戦は前述のように、すでに十二年末および十三年二月に実施されていたけれども、あくまでも臨時の特別作戦であって、回数もごく少なかった。しかし今度は重慶や成都が主目標に変わるのだ。出撃回数は増し、敵戦闘機も日本の攻撃機、爆撃機を待ち受けるだろう。日本側の危険度ははるかに高まる。

　目標地域までは八〇〇〜一〇〇〇キロもある。九六陸攻、陸軍の九七式重爆撃機なら飛べるが、落下式の増加燃料タンクを付けても戦闘行動半径五〇〇〜六〇〇キロの、九六艦戦や九七戦では、全航程を掩護しきれず、途中で引き返さねばならない。護衛戦闘機が帰ったあと、中国空軍のソ連製ポリカルポフI《イー》-15、I-16戦闘機が、陸攻隊、重爆隊に襲いかかった。日本側の耐弾能力が低い、あるいは皆無にちかいため、致命傷を受けやすく、燃え落ちる機や機上戦死がめだち始めた。

　陸攻隊の苦戦を知った軍令部（海軍の作戦面でのトップ機構。陸軍の参謀本部に相当）や航空本部は、初夏のときよりは真剣に、九六陸攻の掩護を完遂できるだけの大航続力をもった、双発戦闘機の必要性を実感した。もちろん航続力のほかに、敵機に追い迫るだけの速力と、旋回能力をきそう巴戦《ともえせん》に勝てる運動性も欠かせない。

　こうして、航空本部が中島に正式な試作発注を出した昭和十三年十一月には、戦訓によって要求性能が大幅にふくれ上がり、初夏の打診のさいの要望とはまったく別の内容に変わっていた。

　試作名称は十三試双発陸上戦闘機。それまで航空母艦で運用する艦上機ばかりだった海軍戦闘機の枠をこえた、初の陸上基地専用機である。そこで、陸上戦闘機を示す

「J」と中島を示す「N」、陸戦第一号およびその最初の型を示す二つの「1」が組み合わされ、J1N1の記号を与えられた。

あれもこれもと、現実離れした能力をつらねた航空本部の計画要求書は、試作発注の十一月に中島へわたされた。

▽型式—双発三座
▽発動機—中島「栄《さかえ》」
▽最高速力—二八〇ノット（五一九キロ／時）
▽航続力—正規：一三〇〇浬《かいり》（約二四〇〇キロ）、過荷重：二〇〇〇浬（約三七〇〇キロ）
▽空戦性能—十二試艦戦と同等
▽航法および通信兵装—陸攻とほぼ同様
▽射撃兵装—前方固定：二〇ミリ機銃一梃、七・七ミリ機銃二梃、後方旋回：七・七ミリ機銃連装二基（合計四梃）

この要求は「きびしい」というより、「無理」「不可能」である。当時、非常な難題とされた十二試艦戦（零戦）への要求性能を、もうひとまわり上まわる機を作れと命じているのだ。

そもそも速力と空戦性能（運動性）は相反《あい》する能力で、一方を向上させればもう一方は低下する。そのうえ双発機は、胴体をはさんでエンジンが配置されており、二条の推力線が離れている。このため機体の慣性モーメントが増加するから、単発機にくらべて操縦性、運動性がどうしても劣り、機動空戦は不利である。

それなのに、最高速力（陸軍で言う最大速度）で十二試艦戦よりも一〇ノット（一八・五キロ／時。海軍は本来はノット表示）速くしたうえ、同レベルの空戦性能を出すよう望んでいる。十二試艦戦の空戦能力は、この時点で超一流の九六艦戦と「同等以上」と指定されているのだから、論外としか表現しようがない。

航続力も十二試艦戦への要求の三割増しで、九六陸攻のカタログ値（部隊での実用値よりもかなり高い数字）の八〇～八五パーセントにも達する。そのうえ陸攻なみの大型で重い航法・通信機器を積んで、機銃を七梃も付けよ、と言うのだ。必然的に機体は大型化する。動力は一〇〇〇馬力級の「栄」二基。これで海軍が要求する能力をすべて引き出すには、魔法を使う以外にない。

あらゆる面で一流の性能を欲する手前勝手な要求書は、航空本部や航空廠（飛行機、エンジン、搭載兵器、付属機器類の開発、研究およびテストを担当。十四年四月に航空技術廠に改称）の双発多座戦に対する定見のなさをものがたる。どこに重点を置き、どう育てて何に使うかという、一貫した構想がひどく乏しい。航空本部で十三試双発陸戦の担当官を務める巌谷英一技術少佐が、部内外の各方面からの要求をもりこんで要求書を作成したのだが、少佐自身がその実現を危ぶんでいる始末だった。

俊英が集《つど》うと自負する航空本部のメンバーの、洞察力の高さを謳《うた》われる十二試艦戦の要求書にしろ、彼らは単にほしい数字を並べただけにすぎない。計画要求書ぐらいは、各国の機材の水準と自国の製造会社のレベル、日本の戦争方針さえ知っていれば、誰にでも作れる。それを実現して見せるメーカーおよび設計陣の力量と努力こそが、高く評価されるべきなのだ。

ただし、これらの要求内容は設計側（後述する中村勝治《かつじ》技師）の記録によるものだ。のちにテストを担当する航空技術廠の飛行実験部部員（小福田租《みつぎ》大尉）の資料では、空戦性能については「固定銃による空戦能力を具備すること」と表記されている。つまり、機首機銃を用いての格闘戦ができるように、の意味で、漠然とした表現ではあるが、「十二試艦戦と同等」よりもゆるい条件だ。

総合的に見て、小福田資料の方が事実だろうと思える。あるいはこれは、十四年三月一日に実施された計画要求書審議ののちに、改訂された部分なのかも知れない。

十三試双発陸戦の要求項目のなかで最大の愚は、十二試艦戦なみの空戦性能を要求した部分だろう。この一項さえ引き下げれば、そして高速一撃離脱の長距離戦闘機をめざすならば、あるいはP－38のようなユニークな戦闘機が実現した可能性はある。しかし、格闘戦至上主義の海軍航空で、それが許されようはずはなかった。

永志技師の基本構想を発展させたところで、海軍の望む条件はとうてい満たせない。いくらひねっても、アイディアがまとまらないのは当然だった。

## 自信と若さと

中村勝治技師。十三試双発陸上戦闘機の設計に取りかかる少し前のころ。

日本の軍事航空が機体設計の面で世界水準に追いついたのは、九六式、九七式の各機種が制式化された昭和十一～十二年のころだった。このうち、海軍航空を躍進させた立役者は、九六艦戦、九六陸攻、そして九七式艦上攻撃機の三機種である。

それまでの羽布張り複葉、固定脚という艦攻のスタイルの常識を一蹴して、全金属製、低翼単葉、引き込み脚の斬新な姿に変え、最高速力で一気に九〇キロ／時も高めた九七艦攻の、担任技師（中島での主任設計者の呼称）を務めたのが中村勝治さんだ。九七艦攻をまとめ終えた昭和十四年の春、中村技師は十三試双発陸戦を手がけるよう命じられ、その担任技師のポジションを与えられた。

単発の艦攻から双発の陸戦へ、外形も内容もまったく異なる機体への移行だが、中村技師は過酷な要求性能をにらみながら「できるだけ要求を容《い》れて、まとめ上げてやろう」と決意した。世界の水準を大きく抜く九七艦攻を送り出せた自信と、二十八歳を迎えたばかりの若いエネルギーが、彼を支えていたのだろう。

十三試双発陸戦の社内呼称を「G」と言った。ちなみに九七艦攻は「K」、続く十四試艦攻（のちの「天山」）は「BK」と社内で呼ばれたが、こうした記号には特に深い意味も基準もなく、適当に付けていったそうだ。「G」は陸上戦闘機の「陸」、すなわちグラウンドの頭文字のようにも思われる。

「G」の設計チームの主要メンバーは、次のとおりだ。

主任—中村技師、構造—平野快太郎技師、脚・油圧系統—島崎正信技師、操縦系統・機械装備—浅井敬二技師

具体的な設計作業にかかったのは、昭和十四年の夏に入ってからだった。

## 要求性能をめざして

設計上、中村技師が最も心をくだいたのは、図体の大きな双発機に、いかにして並はずれた運動性をもたせるか、であった。航空本部の最低ラインが、敵の単発戦闘機にまさるところに置かれていたのは間違いないからだ。

運動性を向上させるには、主翼を大きくして翼面荷重（全備重量を主翼面積で割った数値）を下げねばならない。また九六陸攻に近い航続力を得るには、翼内に大容量の燃料タンクが不可欠だ。この二点をクリアーするため、主翼面積は四〇平方メートルを採用した。

陸軍のキ四五が二九平方メートル、のちの二式複座戦闘機「屠龍」であるキ四五改が三二平方メートル。永志技師の初期設計案が三二〜三五平方メートル、外国機で最も検討対象にしたと思われるポテーズ630または631の三二・七平方メートルとくらべても、きわだって大きい。

主翼は、翼弦の二五パーセント位置に主桁を通した一本桁構造。胴体内と両翼とに三分割された主桁は、零戦のものと同じＥＳＤ（超々ジュラルミン）製で、高い硬度のニッケル・クロームモリブデン鋼ボルトで結合して、充分な強度を保った。主桁の前方、翼弦の八パーセント位置と後方七五パーセント位置に、二本の補助桁を配置し

主翼付け根部にみるNN系断面の翼型。左端から前方補助桁、主桁、翼内2番燃料タンク（440リットル）収容部の空間、後方補助桁。主桁の上下には胴体との接合部分が出る。

て、ねじれ剛性を維持したのは、普遍的な手法だ。

主桁に直角に、一五センチの密な間隔で小骨がならぶ。総じて、たいていの機動に耐えうる、頑丈な造りの主翼である。大柄な機体の急機動時の横安定を考慮して、上反角を七度と大きめにとった。

主翼の翼型（翼断面）は、中島で陸軍機の設計を担当していた糸川英夫技師の考案による、失速特性の良好なNN系断面を採用。迎え角が変化しても（機首を上げ下げしても）、風圧中心（圧力中心。揚力と抗力の合力が翼弦を横ぎる点）の移動が少なくてすむのも考慮されていた。胴体に接する付け根部分の翼厚比は一八パーセントと厚くとり、翼内燃料タンクの大型化と。充分な剛性の確保に対処。合わせて、重量軽減および構造の簡略化をはかった。

三菱が九六艦戦に用い、九七戦も追随した、翼端失速を防ぐ「ねじり下げ」（翼端に近づくにしたがって迎え角が減るように主翼をねじる）は使わず、かわりに外翼部前縁に幅四

・五メートルのスラットを設けた。空中戦などで機首上げ姿勢をとって迎え角が大きくなると、フラップと油圧で連動して自動的にスラットが前方へすべり出し、揚力係数を高め、空気の剥離《はくり》を防いで揚力を維持し、翼端失速を遅らせるのだ。

30度下げ位置の左翼フラップ。ナセル後縁の下端が作動ヒンジで、中央部から操作用のロッドが出ている。

　フラップにも新たな考案が採り入れられた。支点《ヒンジ》をエンジンナセル後端の下部に置き、フラップが後下方へ滑り出るように開く。つまり、翼面積を増やし高揚力効果を高めるファウラー・フラップに似た効果を、簡易な構造で得る方法だ。着陸時に三五度開くのが基準だが、二五度の下げ位置にして空戦中の失速防止にも使えたから、空戦フラップのはしりとも言える。

　動翼のうち、横転、水平面での旋回など、空戦能力に最も影響する横の運動性を、決定づけるのが補助翼だ。軽快な機動の確保をめざして、各種の補助翼がくり返し試作され、約一・四平方メートルの大面積のものに落ちついた。それでも試作機が完成したのちも、テストパイロットの意見などで改良が続き、合計八〜九種類が試されている。

ほとんどの双発機は二つのエンジンが同一で、プロペラは同じ方向に回転する。けれども十三試双発陸戦では、アメリカのP－38と同じく、左右のプロペラを相反する方向へ回転させる処置をとった。トルクの反作用を相殺《そうさい》し、空戦など特殊飛行時の偏癖をなくすためだ。内回り、外回りの二方式が研究され、胴体とエンジンナセルのあいだの気流剥離から生じる翼根失速を防ぐのに効果がある、内回りが採用された。

使用予定の新エンジン、二速過給機付きの「栄」二一型は右回転（エンジンから見て時計回り）だ。この減速装置を改造し、左回転の二二型を右舷用に特別製作してもらうよう、発動機部に頼んだ。「栄」は中島で設計し、作っているから、こんな場合には無理がきく。

プロペラは十二試艦戦と同じく、飛行速度の変化に応じて羽根角《ピッチ》が変わり、回転数を一定に保てる、米ハミルトン・スタンダード社設計の恒速（定回転）プロペラを使用。当然「栄」二二型用に、ひねりが逆のプロペラ羽根を、ライセンス生産会社の住友金属工業が用意した。

楕円形にちかい断面の胴体には、通常の縦通材のほかに、全長にわたるＥＳＤ製の大型補強材（強力縦通材）四本が配され、これに約四〇センチ間隔で円框《えんきょう》が取り付けられる。円框はジュラルミン製だが、主桁、前桁、後桁の取り付け部のものだけは耐久性の大きなＥＳＤ製である。

固定火器を内蔵する機首部。先端の穴から九九式二〇ミリ一号固定機銃二型の銃身が出る。すぐ左の台形の透明部分は、八九式活動写真銃改二を装備したときの時計装置の明かり取り窓。画面左上方の細長い楕円形の穴が九七式七・七ミリ固定機銃三型改一の発射口。

十三試双発陸戦の固定武装は、機首中央の九九式二〇ミリ一号固定機銃一梃（弾数六〇発）と、その上部の九七式七・七ミリ固定機銃二梃（弾数各六〇〇発）である。固定火器の口径と数を単純比較すればＢｆ110の二〇ミリ×二および七・九二ミリ×四、ポテーズ631の二〇ミリ×二および七・五ミリ×六、「ボーファイター」の二〇ミリ×四および七・七ミリ×六にくらべれば、半分あるいはそれ以下でしかない。

そのかわり、背中に九七式七・七ミリ機銃連装の遠隔操作式動力銃架を二基（機銃は計四梃。弾数各七〇〇〜七五〇発）配置

電信席の後方に装備されたこの動力旋回銃架が、十三試双戦の機構における最大の特徴である。九七式7.7ミリ機銃三型改一連装の油圧作動リモコン銃座2基は、発想の良否はともかく、工作精度の不足が実用化をはばんだ。

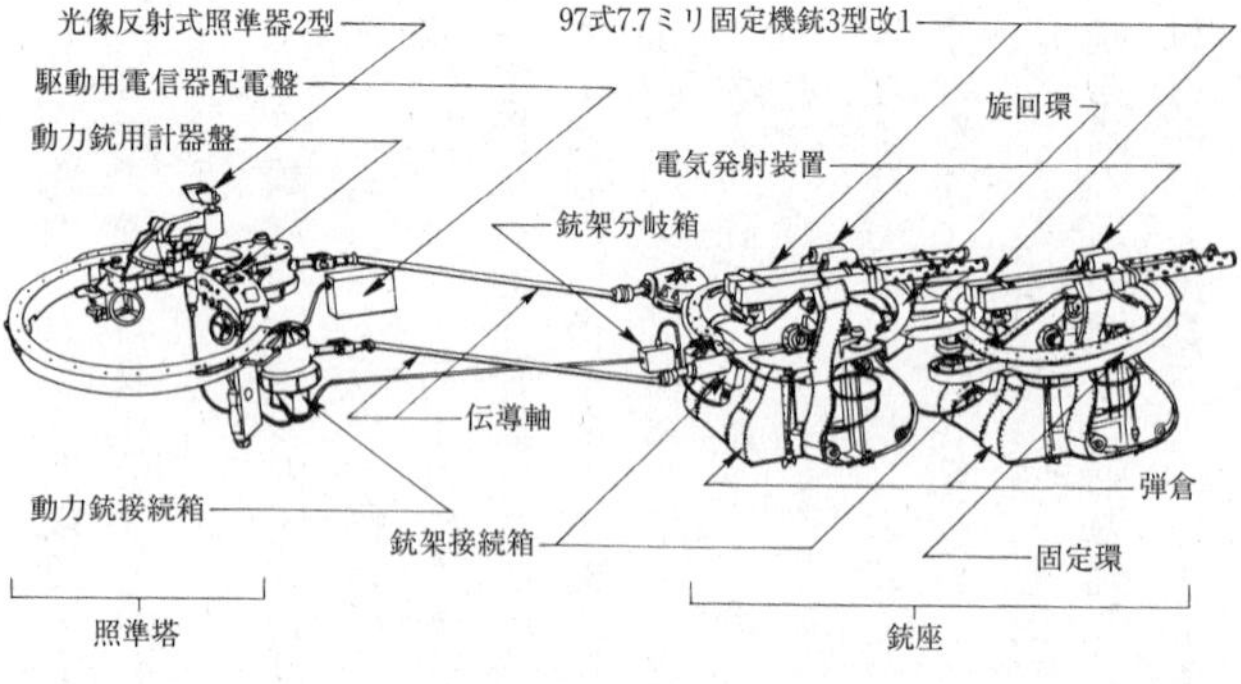


動力旋回銃架の構造

する。この油圧駆動の動力銃架は、コクピット最後部の電信席の後ろに取り付けられ、中央の偵察席からリモコン操作によって動かす方式で、照準器と連動する仕組みだった。もちろん日本では初めての試みだ。

航空本部は十二試艦戦なみの格闘戦能力を求めておきながら、敵機にバックをとらせないのは実際には無理難題と思って、動力旋回銃架を望んだのか。あるいは敵機を追っている最中に、自機に後上方や後側上方から迫ってくる敵があっても対応しよう、との考えゆえか。いずれにせよ、単座戦闘機では離脱するしか手がない後方からの敵機に、積極的に戦えるはずの動力銃架は、十三試双発陸戦の一大特色と言えた。

だが、この動力銃架の最大の〝難点〟は、まだ実物ができていないところにあった。航空技術廠・兵器部（射撃部はのちに独立）で川北智三造兵大尉を主務者として開発中なので、完成状態がどんな形になるのか、重さはどのくらいか、といった不可欠のデータが分からない。寸度、重量が定まっていない武装を考慮しつつ、機体を設計するのがいかに困難か、容易に想像がつく。

機体、エンジン、主要兵装など、重要なもの同士を試作品で組み合わせるのは、失敗する危険度が非常に高い。同じ海軍の組織、つまり身内の空技廠（航空技術廠の略称）の進言をあまく見積もって、動力銃架を要求書の一項にならべた航空本部の処置が、十三試双発陸戦を葬る一大要因につながってしまう。

## 担任技師、バトンタッチ

設計チームは、海軍のないものねだり的要求を、かなうかぎり実現しようと、作業に没頭した。しかし昭和十四年十二月、実大木型模型《モックアップ》の審査をまえに、過労から身体をこわした中村担任技師は、作業から離れて治療と休養に専念せねばならなくなった。ここで中村技師からバトンを受け取ったのが大野和男技師である。

大野技師は東大工学部で中村技師の二年先輩にあたるが、航空学科でなく建築学科を卒業しており、本来の〝飛行機屋〟ではない。大学院に残ったため、この十四年の四月に中島に入社したばかりだった。入社後、材料検査部にいた大野技師は、飛行機用木材の規格の新規定を起案し、これが空技廠にほぼそのまま受け入れられた。会社に慣れたら生産部へ行くはずだったが、「大野は空技廠に受けがいい」とみなされて、八月に設計部がゆずり受けたのだ。

在学中に学んだのは船の方の力学で、飛行機を知らなかった大野技師は、持ち前の勘のよさを生かし、にわか勉強でぐんぐん知識を積みかさねていった。そして十三試双発陸戦のスタッフに加わって、一般艤装を担当しているうちに、中村技師が倒れて担任技師のポジションを用意された。航空学科を出ていない、異例の主任設計者の誕生である。

双発陸戦の設計作業は群馬県の太田製作所で進められ、十四年も押しつまった十二月二十六日と翌二十七日に、実大木型模型の審査が、空技廠の飛行機部および飛行実験部のメンバー立会いのもとで実施された。実機と同じ大きさの木製モデルを各方向からチェックし、実機の製作にかかるまえに不良箇所の修正や形状の改良などをすませるのが眼目だ。

このとき、大野担任技師は飛行実験部の吉良俊一大佐から、不意に質問を受けた。

「風防を開けて飛んだら、最高速力は何ノット落ちるか？」

大野和男技師。17年4月、十三試双戦の取り扱い指導のためラバウルに進出時。

十三試双戦の風防は一般的なスライド式ではなく、三席とも横方向へ開くタイプである。この可動部を外した場合の速度低下をたずねられたのだ。まだ担任を引き受けて間のない大野技師は、一瞬たじろぎながらもあわてた様子は見せず、直感的に「二〇ノット（三七キロ／時）でしょう」と答えた。すると吉良部長もうなずいて「俺もそう思う」。彼は日本で初めて空母（「鳳翔」）の発着艦に成功した、敏腕技倆の操縦員出身者だ。

のちに試作機で実験してみると、風防を閉じた状態での最高速力二八〇ノット（五一九キロ／時）が、可動部を外した場合に二六〇ノット（四八二キロ／時）に落ちて、大野技師の天性のするどい勘が証明された。

## 試飛行を進める

昭和十五年（一九四〇年）に入ってから、十三試双戦の開発作業は大野技師をチーフとして進められ、この年のなかばごろには病が癒《い》えた中村技師も復帰して、性能や空力関係の一部を受けもった。設計チームの苦心のなかで、十五年の末には試作一号機もおおよその形をなしてきた。

このころ、空技廠・飛行実験部の担当パイロットも決まった。華南戦線で九六艦戦、零戦装備の第十四航空隊の分隊長を務めていた、歴戦の小福田租《みつぎ》大尉だ。かたや中島側は、昭和六〜八年に横須賀航空隊の戦闘機隊で小林淑人《よしと》大尉、源田実大尉との特殊飛行で鳴らし、源田隊長に「天才的」とまで言わせた抜群の腕まえの、青木与《あとう》飛行士をテストパイロットに立てていた。軍民どちら側の乗り手も、これ以上はちょっとな

右：実戦経験に富む航空技術廠・飛行実験部の小福田租大尉。左：抜群の操縦能力をそなえた中島飛行機の青木与飛行士。

い技倆の持ち主である。

年が明けて十六年三月二十六日、試作第一号機は完成し、翌二十七日に海軍側の実物検査が催された。ここでふたたび航空本部や空技廠の部員が各部をチェックする。こうした審査ではたいてい、なんらかのクレームがつく。また設計、製作側にとっても、予定日に間に合わせるために暫定的にすませた箇所があるから、試作完了を告げてもすぐに進空させるわけにはいかない。

群馬県小泉にある中島の社有飛行場での社内初飛行は、四〇日後の五月二日。みずからも計器板のレイアウトに指示を出し、座席の設計に加わった青木飛行士は、初めての双発機なのに天与の操縦技倆で不安なげに離陸させ、とどこおりなく初飛行を終えた。

完成から1～2ヵ月後、中島・小泉飛行場に置かれた十三試双戦の試作1号機。カウリングが黒いほかは無塗装で風防は3席とも開状態だ。操縦席固定風防の前にある大きめの開口部は7.7ミリ機銃の装弾・点検口。

さらに三ヵ月をへた八月二日、海軍の関係者を呼んで、小泉の社有飛行場で進空式をすませ、十八日には小福田大尉が搭乗して海軍側の領収飛行を実施した。試作発注から二年九ヵ月が経過していた。

以後、大野技師と青木飛行士、小福田大尉は、緊密に連携しつつ小泉飛行場でテスト飛行をくり返していく。骨太な性格な大野技師は、どんなに危険な試飛行でも進んで同乗し、小福田大尉に感銘を与えるほどだった。青木飛行士も後ろに荻窪製作所（エンジン部門）技術部の水谷総太郎技師らを乗せて、特殊飛行まで試してみせた。陸軍の九九式双軽爆撃機ほどの大きな機が、宙返りなどのスタントをやるのだから、「後席は恐かっただろう」と青木さんは回想する。

高高度飛行テストで長野県上空、高度一万メートルを飛んでいたときだ。気圧の低下が作用したらしく、エンジンナセルに引き込めてあった主車輪タイヤがいきなり破裂し、右翼上面の外板が破れて大穴があいた。高射砲弾が命中したかと思うような大音響だったが、飛行には差しつかえなく小泉飛行場まで帰ってきて、青木飛行士は脚入れのままの降着に成功。破損部分を最小限におさえた、みごとな胴体着陸だった。

右翼に付けた逆回転の「栄」二二型に不調を生じて、予定外の飛行場に不時着陸のケースもあった。片発飛行がやりにくい十三試双戦も、飛行士のたくみな操作で支障なく降着できている。

試作機ができ、試飛行が進み始めてからも、中村技師がかねて懸念した二つの点が、十三試双戦の足を引っぱっていた。

一つは、要求性能のうちの実現不可能に等しい難題、「十二試艦戦なみの運動性」である。横転や、主翼を地面に突き立てたかたちの垂直旋回など、横の操縦性に関しては、当然どうしても零戦（十二試艦戦を十五年七月に制式化した）に勝てない。また縦の運動については、大柄《おおがら》ながら宙返りは可能だったけれども、ループを描くべく大迎え角をとると振動が出ると指摘された。上昇力が劣るから、宙返り反転や上昇反転にかかっても、零戦にすぐ優位を奪われてしまう。

二つ目の難点は、動力旋回銃架の不具合だった。銃架とその照準器の設計は空技廠

偵察席後方の動力旋回銃架。19年8月、テニアン島に残された十三試双戦の残骸だが、カバーがはずれて旋回リングと機構の一部が分かる。

の担当で、台座の製作を川西航空機が請けおっており、中島はこの武装システムに直接に関与していなかった。

油圧駆動の全機構式遠隔操作という構造は、設計図はりっぱに描けても、確実に作動する図面どおりの部品を作れなければ、それこそ画餅に帰してしまう。基礎工業力のレベルが低い日本で、このように複雑な機構に用いる高精度の部品を生産するのは、無理な話なのだ。

たとえば、照準装備部と二つの銃座はそれぞれ、同型の旋回リング（固定環の内側に旋回環を組み込み）を基盤にできている。直径八〇〜八五センチの大型円形リングは、高力アルミ合金の鍛造製だったが、川西では真円に作りがたく手を焼いた。

また、旋回用と俯仰《ふぎょう》（上下）用に噛ませた差動歯車に、どうしてもわずかなガタが出て、精度が甘くなった。油もれなどの不具合も完治できず、機体への装着は予定の日程から大きくくずれこんだ。取り付け作業はすべて、横須賀の空技廠で進められる段取りだった。

## 特徴がめだたない

設計チームが苦心をかさねて、試作機の改修を続けているうちに、太平洋戦争勃発《ぼっぱつ》の昭和十六年十二月八日を迎えた。

連戦連勝のうちに年が明け、日本中がわき返るなかで、十三試双戦の関係者は実用化をめざし努力を怠らなかった。試飛行もスムーズに進んだとは言えず、「不具合はいくつも出た」と飛行士だった青木さんは語る。

十七年二月九日、空技廠・飛行実験部部員の小福田大尉が乗る十三試双戦は、小泉飛行場を見おろす空域で零戦と模擬空戦を実施した。たがいに接近する反航戦から巴戦に入ったところ、零戦は三～四回の旋回ののち、双戦の後ろにピタリと占位してしまった。ところが、降りてきた小福田大尉は「双戦の勝ちだ」と宣言した。零戦は後方に食いつく前に動力銃で撃墜されている、というのが理由だった。

けれども残念ながら、十三試双戦の戦闘機としての成長は、このあたりで止まった。主要な特徴にしたい動力銃架の故障、不調が直りきらず、射撃制度も低いため、空技廠が生産を断念してしまったからだ。無論これについては、中島側になんの落ち度もない。

双戦の飛行性能そのものは、航続力については要求を満たし、速度もまずまず近い数字を出していた。理不尽な要求の運動性は零戦に及ばなくて当然で、全幅一七メートル、全備重量七トンもの双発多座戦を、ここまで機動させた設計チームの努力を買わねばならない。

宙返りがいささか苦しくては、大味な外国の単発単座戦を相手にしての格闘戦ですら、価値を得がたいだろう。だが速力にしても、試作要求が出されてから三年半を経過した昭和十七年春の時点では、対戦闘機以外でさえ優越性にとぼしい。唯一、世界水準を大幅に超えるのが航続力だが、零戦が片道一〇〇〇キロの掩護飛行をこなしているため、開発当初の第一目的たる長距離掩護飛行の任務の必要度が、かすんでしまった。

さらに、仮に動力銃架が正確に動いたとしても、七・七ミリ機銃で相手を落とせる時代は去りつつあった。定見のない航空本部の、いや海軍の無理な要求をこなそうと

十三試双戦の増加試作1号機、すなわち通算3号機。このアウトラインは「月光」一一型の前期生産分まで変わらずに続く。

時間をかけるうちに、周囲の状況は一変していたのである。

量産化の価値を失った十三試双戦は、試作二機、増加試作七機の計九機が作られたところで、開発に終止符が打たれた。

本来の任務では、ついに日の当たる場所へ出られなかった十三試双戦が、海軍側から受けた戦闘機としての評価のうち、分かっているのは小福田大尉の「鈍重だ。零戦とはまともに空戦できない」という意見だけだ。だが、海軍の人間ではないのにこの機に試乗し、戦闘機としての感想を述べられる人物がいた。

天性の操縦技倆をそなえ、初期のものを除いて陸軍機のほとんど全部に搭乗し、海軍機も四発飛行艇まで飛ばしてみせた、辣腕《らつわん》の荒蒔義次《あらまきよしつぐ》陸軍少佐である。

時期はいささか先行するが、海軍の空技廠・飛行実験部にあたる陸軍航空審査部で、十七年十月に陸海両軍の試作戦闘機について、互乗研究会が開かれた。ところは東京府福生《ふっさ》の審査部の飛行場（現在の横田基地）。飛行実験部から十三試双戦と十四試局地戦闘機（のちの「雷電」）が、審査部からは二式戦闘機（「鍾馗」）と二式複座戦闘機（「屠龍」）、それにキ六一（のちの三式戦闘機「飛燕」）が用意された。たがいに相手の新鋭機に乗って、長所を参考にするのが目的だから、メンバーは腕達者ばかりだ。

後席に海軍の操縦員を乗せて、十三試双戦を発進させた荒蒔少佐は、逆回転の左右エンジンが生む、トルクなし、偏向性なしのすなおな離陸に感心した。ほとんどの双発機に必要な当て舵を使わずに、スロットルレバーの微調整だけで直進する。

着陸時の失速特性もよく、ブレーキも充分に効く。飛行特性は、水平速度がやや不足だが、宙返りや上昇反転、緩横転などの特殊飛行はひととおりできた。肝心の空戦能力については、水平面での機動はまずまずながら、垂直面の機動（縦運動）のさいに機首の起きがにぶい。降下時の加速はおそく、急上昇のぐあいは比較的よかった。

全体に「十全の戦闘機とは言いがたい」が、荒蒔少佐の感想だった。少佐は二式複戦と三式戦の審査主任を務めている。前者は十三試双戦と同じ発想で設計された機なので、性能比較が興味ぶかい。彼は「十三試双戦はキ四五よりもやや良好」の判定を下す。

このキ四五は、失敗に終わったキ四五を改修し、エンジンを換装した〝改訂版〟で、二式複戦（キ四五改）への橋わたし的存在だ。おおまかに解釈すれば、十三試双戦の飛行特性は二式複戦にわずかに劣る、といったあたりだろうか。

## 双発陸戦に乗るために

昭和七年に海軍に入隊、機関兵をへて九年に第二十三期操縦練習生（操練と略称）を卒業した小野了《さとる》飛曹長が、宇佐航空隊の教員から横須賀航空隊に転勤してきたのは、神奈川県追浜《おっぱま》の横須賀航空基地に寒風が吹く十七年二月。

小野飛曹長は空母「加賀」の艦爆隊の一員として日華事変に参加し、十三年四月の広東《カントン》・白雲飛行場を攻撃のさい、九六式艦上爆撃機でグロスター「グラディエイター」戦闘機を撃墜。第十五航空隊へ転勤後の七月には、小川正一中尉らと江西省・南昌付近の敵飛行場に強行着陸して、地上のI－15戦闘機に火をつけて爆発させる、離れわざを演じている。

横須賀空は空技廠の北に隣接し、飛行場を飛行実験部と共用する。本土防衛の内戦部隊を兼ねているけれども、隊内は機種ごとに分けられ、新型機や兵器の実用実験を主務にしていた。隊員は腕効きぞろい。ここで「使いものにならない」と烙印《らくいん》を押されたら、採用が見合わせに至るほどの権限をもっていた。

横空に着任した小野飛曹長はすぐに、第二飛行隊すなわち艦爆隊の分隊士（分隊長の補佐役。兵曹長～中尉の普遍的な職名）として、隊長の小牧一郎少佐から「十三試双戦の操縦教本を作れ」と命じられた。少佐は「いま五機できているが、動くのは三機だ」と言う。まだ戦闘機として不採用が決定する前で、中島で増加試作機を作っている最中のころだ。

妙な話だが十三試双戦は、横空の戦闘機隊ではなく、艦爆隊の取り扱い機材にふくまれていた。当時、横空にはまだ偵察機隊はできておらず、空技廠設計の十三試艦爆（のちの「彗星」艦爆）の偵察機型（のちの二式艦上偵察機）のテストも艦爆隊で実施中だった。十三試双戦もすでにこのとき、偵察機での運用が考慮され始めていたため、艦爆隊の保有機にまわされたのだろう。

小野飛曹長の着任と前後して、双戦の搭乗要員が横空に集まってきた。要員は彼をふくめて、操縦、偵察、電信とも三名ずつ。つまり三個ペアを組める。

操縦員と偵察員は、みな内地の練習航空隊で教官（少尉以上）、教員（兵曹長以下）を務めていた熟練者で、電信員には偵察の飛行練習生教程を終えてまもない者、すなわち若年偵察員が充《あ》てられていた。また操縦の三名はいずれも、第十五航空隊で九六艦爆に搭乗しており、たがいに顔見知りだった。

小野飛曹長は台南航空隊へ転勤する内示を受けて、横空にやってきた。台南空は南進作戦に活躍した零戦部隊だが、九八式陸上偵察機（陸軍の九七式司令部偵察機とほぼ同型）の分隊を付属させている。しかしこのとき十三試双戦は、偵察機分隊に組み入れられるのではなく、あくまで戦闘機として使う計画だった。

偵察員の一人、六期乙飛予科練出身の澤田信夫一飛曹は、一式陸上攻撃機を装備する第四航空隊の補充員を務める予定で、水上機の鹿島航空隊から着任した。「双戦は四空に所属する予定だ。ラバウルで一式陸攻編隊のはしに配置する。航続力と動力銃を生かして、翼端掩護機に使うのだ」と澤田一飛曹は聞かされていた。まさしく双戦本来の目的である、長距離掩護戦闘機としての用法だ。

搭乗要員のこうした状況から、昭和十七年二月の時点では、十三試双戦はいましばらく戦闘機として試験を続け、だめならば偵察機に使ってみよう、という考えが航空本部あたりにあったように思われる。

## ラバウル進出準備

横空艦爆隊に配備されていた十三試双戦は二機で、試作一号機と二号機だった。どちらも、空技廠・飛行実験部の諸テストを終えて持ちこまれたものである。試作二号機は整備員の訓練用にまわされ、実用実験飛行は一号機を使って始まった。

宙返りができるとはいっても双戦は機体が重く、失速特性がかんばしくないため、着陸時の姿勢保持に苦労した。主車輪と尾輪を同時につける三点着陸用の機首上げ姿勢で降りていくが、接地の直前でドスンと落下着陸におちいったり、主車輪が先について滑りこみ着陸に変わったりした。

吹き流しを的にしての動力銃の射撃も、千葉県木更津の上空などで試みられ、空技廠の判定とは異なって、命中率は悪くなかったという。作動はスムーズで、銃口が垂直尾翼へ向くと同調装置により弾丸が出ない仕組みだった。

横空でひととおりのテストを終えると、今度は戦地へ持っていって、実用実験にかかる。勝ち戦《いくさ》で余裕があるからできる処置である。目的地はラバウル、所属部隊は台南空だ。十七年四月十九日に出発と決まった。

ラバウル行きには、あらたに空技廠からまわされた増加試作の三、五、六号機（数字は試作一号機からの通算）があてられた。四号機をはずしたのは縁起をかついだた

17年4月、横須賀航空隊でラバウルへの出発を直前にひかえた十三試双戦の搭乗員。最前列左から高橋治郎一飛曹（操縦）、金子健次郎三飛曹（偵察）、森下八郎一飛（偵）、川崎金次一飛（偵）。2列目左から宮地二整、横空艦爆隊・整備特務少尉、艦爆隊長・小牧一郎少佐（操）、艦爆隊・飛行特務少尉。3列目左から岸本整曹長、小野了飛曹長（操）、徳永有飛曹長（操）、澤田信夫一飛曹（偵）、班目昇一飛曹（偵）。4列目左から柴田二整曹、但野二整曹、森三整曹、小川二整曹。整備の下士官兵も台南空への転勤者。後ろは第二飛行隊に区分された艦爆隊の指揮所。

めだ。

三機とも二基・四梃の動力銃と、機首の二〇ミリ機銃一梃および七・七ミリ機銃二梃のほかに、電信席の下部に、手動操作の九二式七・七ミリ旋回機銃が下方防御用に一梃追加されていた。

できてまもない試作機なので、前線で故障したら修理に困る。そこで中島から、機体関係は大野担任技師ほか三名、エンジンは第二研究科の水谷技師と整備課の小沼儀一技手《ぎて》が、選ばれて先発する段取りが組まれ、台南空付《づき》を予定の

ラバウルの東飛行場（ラクナイ）で待機する台南空の零戦二一型。正面右に活火山の花吹山が見える。

整備員とともに特設空母「春日丸《かすがまる》」（のちの空母「大鷹」）に便乗し、四月三日に横須賀を出港した。

半月のあいだ波にもまれて、四月十八日（あるいは十二日か）ラバウルに上陸。桟橋に上がるや否や、マーチンB－26双発爆撃機の低空来襲に出くわし、機銃掃射を受けて戦地到着を実感した。「春日丸」には台南空にわたす零戦二四機が積まれていた。台南空の司令部職員や隊員たちも、ジャワ方面の作戦を終えて十六日までにラバウルに集結した。

のちには五ヵ所に増えるラバウル周辺の飛行場も、緒戦時のこのころに主用していたのは、シンプソン湾をはさんで市街の東側に位置する東飛行場（ラクナイ飛行場）と、市街の南方向にある西飛行場（ブナカナウ飛行場）の二ヵ所で、東を「下の飛行場」と呼んで、戦闘機隊が展開、西は「上の飛行場」と言い陸攻隊が使用した。大野技師たちは下の飛行場で十三試双戦の到着を待っていた。

その双戦三機は出発を数日後にひかえ、横空基地から木更津基地に移動した。燃料・弾薬満載の状態では、せまい横空からの離陸は無理だからだ。移動ののち、奄美大島まで飛んで、長距離洋上飛行の訓練にあてた。

B−25B一六機を積んで発艦海域へ向かう米空母「ホーネット」。小野飛曹長の十三試双戦は神奈川県上空で、このうちの一機と邂逅した。遠方は警戒の駆逐艦。

四月十八日の早朝、太平洋上にピケットラインを張る漁船改造の監視艇から、空母をふくむ敵機動部隊を発見の報告がもたらされたため、敵機来襲を懸念して警戒警報が出されていた。しかし来襲時刻にはまだ余裕があると考えられて、出発が翌日に迫った双戦のテスト飛行は許可された。

正午ごろ、双戦を操縦中の小野飛曹長は、横浜上空に高角砲（高射砲の海軍呼称）の弾幕が上がっているのを見た。まもなく、山肌すれすれの超低空を、垂直尾翼が二枚の双発機が飛んでくる。初め九六陸攻かと思った飛曹長は、警報が出ているので「米軍機かも知れない」と考え直し、急いで木更津基地に着陸した。敵機はじきに見えなくなったし、実弾を積んでいないから、攻撃をかけられなかった。

横須賀鎮守府麾下《きか》の防空部隊には双戦のテスト飛行が通知されていたため、誤射を恐れて敵双発機に対する射撃を手びかえてしまった。そこで双戦の飛行作業の一時停止を命じられた。小野飛曹長のあとから上がった徳永有《たもつ》飛曹長の双戦は、着陸がおくれて叱られたという。

これが空母「ホーネット」から発進した、ジェイムズ・H・ドゥーリトル中佐指揮のノースアメリカンB-25B一六機による、日本本土への初空襲だった。空母に陸軍の双発中型爆撃機を積んだ、日本軍の意表をつく戦法で、東京・京橋方面に一三機、中京、阪神方面に三機が侵入した。

空襲の影響を受けて、十三試双戦の出発は一日延びた。四月二十日に木更津基地を発進した三機のペアは次のとおり（操縦—偵察—電信）。

一番機：徳永有飛曹長—澤田信夫一飛曹—金子健次郎三飛曹
二番機：小野了飛曹長—班目《まだらめ》昇一飛曹—川崎金次一飛
三番機：高橋治郎一飛曹—鈴木昌三三飛曹—森下八郎一飛

このうち小野飛曹長、沢田一飛曹、川崎一飛の三名は、敗戦まで夜間戦闘機「月光」で戦い抜き、最古参の双戦／夜戦搭乗員であり続ける。

東飛行場の指揮所で、帰投した搭乗員から報告を受ける台南航空隊副長・小園安名中佐。1個小隊での上空哨戒だったようだ。勝ち戦ムードの17年なかばごろ。

三機は内南洋《うちなんよう》のサイパン島、中部太平洋のトラック諸島を経由してラバウルに来るはずだった。東飛行場にいた大野技師らは、海軍の高角砲部隊に「新型機が来るから〔誤射しないように〕気をつけてほしい」と伝え、台南空の偵察機搭乗員や整備員を相手に、十三試双戦取り扱いの講習会を開いたりした。

ところが、到着予定の四月二十二日に、双戦はラバウル上空に姿を現わさなかった。台南空の副長を務める小園安名中佐が宿舎に来て、その理由を教えてくれた。

「君たちか、中島から来たのは。サイパンで飛行機がエンコしていたようだぞ」

それから旬日ほどは、原因がはっきりしないまま連絡を待ち続けた。五月に入ってようやく空技廠とサイパン島から電報が来て「エンコ」の理由が分かり、対処にあたるべく、大野技師は直接に空技廠へ、水谷技師、小沼技手と整備員はサイパン島へ、それぞれ一式陸攻で向かった。

四月十八日に木更津基地を発《た》ってから、小野飛曹長操縦の二番機は右エンジン（逆回転の「栄」二二型）の調速機が壊れ、片発でサイパン島アスリート飛行場に着陸。高橋一飛曹の三番機は主車輪ブレーキが不調で、先に降りていた徳永飛曹長の一番機の尾部に追突し、二機とも小破する事態を生じた。

アスリート飛行場に着いた水谷技師らは、手もちの部品で応急修理をすませたが、一三〇〇キロ近くもかなたのラバウルまで飛ぶのは無理なので、五月中旬に技師や整備員を便乗させた一式陸攻に導かれて、三機の双戦は横須賀へ向かった。しかし途中で巨大な積乱雲にはばまれ、高橋機は小笠原諸島の父島に、小野機は千葉県館山基地に不時着陸。無事に横空基地に降りられたのは、クルシー無線帰投装置をたくみに操作できる澤田一飛曹が乗った徳永機だけ、とアクシデント続きの門出だった。

## 戦闘機から偵察機へ

横空にもどった三機が改修を受けている昭和十七年六月に、十三試双発陸戦を採用する方針が定まった。当然ながら零戦には及ばない運動性、動力銃架の不具合などから、戦闘機としての実用化をあきらめた航空本部は、まずまずの速力と大航続力を生かして、陸上偵察機に使う方針を固めたのだ。

海が本来の舞台である海軍は、艦上機、水上機／飛行艇を主力とし、開戦までに陸上機（空母や大型艦に載せられない地上基地専用機）は陸攻のほかは力を注がなかった。したがって陸上偵察機などに本腰を入れるはずはなく、日華事変では陸軍の九七式司令部偵察機に少し手を加えただけの九八式陸上偵察機を用いた。操縦席が後方寄りの九八陸偵は、前方視界をふさがれて離着陸がやりにくく、十七年の時点では速力や航続力の性能面でも、第一線用機の地位を保ちがたい状況だった。

カタログデータでの九八陸偵の最高速力は四八七キロ／時、航続力は増槽なしで一一〇〇キロ。これに対し十三試双戦はそれぞれ、五一九キロ／時、二五〇〇キロ強と、明らかに優れている。特に〝足〟の長さは、南方戦線で使うのに魅力的だった。三座機なので、二座の九八陸偵よりもフレキシブルな運用ができ、カメラさえ積めばそのまま偵察機に変身可能だ。搭載する機内容積にも余裕があった。

それに、実機が完成してからほぼ一年が経過し、すでに実用化の一歩手前まで来ていたから、不良部分はたいてい出つくして、量産にかかるのにさほどの改修は必要ない。

こうして、十七年七月上旬には兵器として採用され、二式陸上偵察機の制式名が与えられた。記号はJ1N1-C。「C」は艦上と陸上の両方の偵察機を示す符号だが、まもなく艦上偵察機の専用符号に変わり、陸偵は「R」を割り与えられたため、結局J1N1-Rに落ちついた。

自分の〝子供〟ともみなせる十三試双戦の、陸偵への思わぬ変身に中村担任技師は、会社の人間としては量産受注に喜びながらも、ある種のほろ苦さを感じた。また、戦闘機には不合格の失敗を「始めに欲ばった要求に負けて、無理な設計をした」のが要因と回想する。

## 第一線部隊での評価

立場を横空付にもどして訓練を続けていた、三機の十三試双戦の搭乗員たちに、ふたたびラバウル進出が下令され、木更津を発進したのは七月八日。

機材は今回も一回目と同じ試作三、五、六号機で、動力銃もそのまま付いており、名称だけが十三試双発陸戦から二式陸上偵察機（正確には、その試作機）に変わっていた。電信席の付近に自動写真機が据《す》え付けられて、戦地での実用実験の主目的は長距離偵察飛行に置かれ、双発戦闘機の用法については二の次に後退した。

搭乗員三個ペア・九名のうち鈴木三飛曹が抜けて、林秀夫大尉が加わった。兵学校出身の搭乗員では少数派の偵察術を専修した林大尉は、五月初めに台南空・陸偵隊（陸偵分隊）の分隊長としてラバウルに着任。その後いったん横須賀に帰って、再出発の指揮をとったのだ

こんどは故障なく三機ともサイパン島まで飛んだが、トラックに着陸のさい徳永飛曹長機が事故を起こした。林大尉機と小野飛曹長機は七月十日にラバウル東飛行場に到着し、二式陸偵（双戦）を待ち望んでいた陸偵分隊員の出迎えを受けた。トラックに残された徳永機も数日中にラバウルに進出できた。

中島飛行機の技術陣からは、エンジンの小沼技手に機体関係の数名が加わって現地に到着。大野担任技師、水谷技師は社に残って、二式陸偵量産化のための改修作業を続けた。

このころラバウル基地は連日、ニューギニア東南部のポートモレスビーから飛来する、米陸軍のボーイングB-17E「フライング・フォートレス」の空襲を受けていた。

第65爆撃飛行隊のボーイングB−17E「フライング・フォートレス」がポートモレスビーを離陸した。重武装で耐弾性が高い、日独ともに手を焼いた難攻の重爆撃機だ。

B−17四発重爆は未明から夜中まで時を定めず、数機単位で来襲し、またB−26「マローダー」双発爆撃機もしばしば上空に侵入した。

台南空零戦隊の主力はニューギニアのラエに進出しており、残留の戦力では、いきなり来襲し投弾して逃げ去る敵機を容易につかまえられない。敵の接近を早期に感知できる対空用地上レーダー、一号一型探信儀はまだ設置されていなかった。戦力不足から六月上旬以降は、陸偵分隊も三号爆弾を積んで邀撃に上がる策が決まった。

三号爆弾とは、爆弾上の外殻《コンテナ》の中に多数の弾子(小型弾)をおさめ、空中から敵編隊に向けて投下、時限装置によりコンテナが割れて中の弾子が散開し、それぞれが炸裂する、いわゆる空対空の親子式爆弾である。大型の二十五番(二五〇キロ)、中型の六番(六〇キロ)、も作られるが、最初に採用の三番(三〇キロ)が小型で零戦に取り付けやすいため、各戦線に広く行きわたった。九九式三号爆弾の場合は実重量三四キロ、七五グラムの弾子が一四四個入っている。

台南空の陸偵分隊員は二式陸偵試作機の到着を喜び、到着翌日の七月十一日から機体の実習や操縦訓練を始めた。それまで固定脚の九八陸偵で、ポートモレスビーやオーストラリア北東部のクックタウンへ、きわどい偵察に飛んでいた彼らの苦労が、二式陸偵ならいくらかなりとも軽減する。

陸偵搭乗員の操縦訓練は、十五日まで毎日続けられた。のちに斜め銃装備の二式陸偵で、夜間初撃墜を記録する工藤重敏二飛曹は、九八陸偵にくらべて「複雑になっていて、科学の粋を集めた飛行機である。視界もよい。機銃は軍艦の主砲を見るようだ」と感想を記した。「機銃」とはもちろん動力銃をさしている。

七月十六日、陸偵分隊員と零戦隊の残留隊員が見守るなか、二式陸偵試作機と零戦二一型の模擬空中戦が試行された。陸偵の操縦は小野飛曹長、対する零戦は、エースが居ならぶ台南空でも有数の戦果を報じた坂井三郎一飛曹だ。

円を描いて後方への占位を競う巴戦に入ると、旋回半径が大きくて上昇も劣る陸偵はやはり勝てず、降りてきた飛曹長が「負けだ」と言うと、「いや、動力銃があるから、分かりませんよ」の返事が坂井一飛曹から出た。ただ、艦爆で鍛えてきた名手の操縦も功を奏して、二式陸偵にさほどの遜色は見られず、地上からながめていた工藤

17年の夏、ラバウル東飛行場で台南空・陸偵分隊搭乗員の一部。手前は左から分隊長・林秀夫大尉（偵）、飛行士・木塚重命（しげなが）中尉（偵）、後ろ左から2人目が工藤重敏二飛曹（操）、小野飛曹長、川崎一飛。

二飛曹に「巴戦でも同等」と感じさせたほどだった。

翌十七日の午前九時すぎ、B－26五機がラバウル上空に侵入。二式陸偵は機首銃と動力銃を武器に、初めて邀撃に発進した。操縦・小野飛曹長、偵察・林大尉、電信員は九八陸偵に乗っていた山口英治一飛である。だが、おっとり刀で出動はしたものの、高空を飛び去るB－26に追いつけるはずはなく、敵影を認められないまま引き返した。

ついで十九日には警戒警報が出され、こんどは高橋一飛曹―澤田一飛曹―川崎一飛のペアで離陸したけれども、やはり敵機を見つけられずに帰還している。

零戦の機動力にはどうしても勝てず、

邀撃も速度不足でままならない。こうして、わずかに残っていた戦闘機としての可能性はまったくなくなり、航空本部が十三試双戦の〝第二の人生〟に想定した長距離強行偵察に使う途《みち》が、自然に定まったわけである。

九八陸偵の操縦員たちは二式陸偵の操訓を終えたが、作戦飛行だと十三試双戦以来のなれた三名が請けおった。反対に、二式陸偵の偵察員および電信員四名は、しばしば九八陸偵での偵察行に加わっている。

## 試作三号機、帰らず

昭和十七年七月二十日、分隊長・林大尉がひきいる陸偵分遣隊は、ラバウルの西南西七〇〇キロほどにあるニューギニアのラエに進出した。珊瑚《さんご》海の米機動部隊に対する索敵と、ポートモレスビーおよび豪北方面（オーストラリア北部とその北方海域）への偵察行の、距離が縮んで負担が減るからだ。

二式陸偵にとって最初の長距離偵察は、ラエ進出の当日に実施された。操縦・小野飛曹長、偵察・林大尉、電信・有働忍《うどうしのぶ》三飛曹のペアで、豪北のホーン島（ヨーク岬の東方）付近を偵察。片道六〇〇キロ近い飛行のあいだ敵機に追われず、ホーン島飛行場の敵機群と木曜島に漁船を見つけて、ラエに帰り着いている。

ラエ基地に進出した台南空・陸偵分隊員と二式陸上偵察機試作機（十三試双戦）。手前左から川崎一整、川崎一飛、金子三飛曹、豊田一整。後ろ左から柴田二整曹、徳永飛曹長、澤田一飛曹、工藤二飛曹。18年7月末～8月初めの撮影で、徳永飛曹長の未帰還まで間がない。

陸攻隊が敵の根拠地ポートモレスビーへ空襲をかけ続けるのと同様に、米陸軍極東航空軍（九月から第5航空軍に改称）もラバウルやラエへの少数機による波状攻撃を続行。たとえば七月二十四日には、ラエに六回の空襲があった。

連日の雨もようの間隙をぬって、難破船の捜索やポートモレスビーをめざす偵察に出動した、ラエの偵察分遣隊だったが、進出二週間後ついに二式陸偵に未帰還機が出た。

ラエの搭乗員は休息をかねてラバウルに帰り、交代で任務にあたっていた。七月末、小野飛曹長と入れかわってラエに来た徳永飛曹長は、偵察の班目一飛曹、電信の森下一飛とペアを組み、八月二日の早朝に、垂直尾翼にV－1と書かれた試作三号機で、ポートモレスビー偵察に発進した。「V」は台南空を示す記号である。

試作3号機がラバウル東飛行場に待機中。垂直尾翼に台南空の二式陸偵1番機を示す「V−1」が白で書かれている。

午前八時二十五分、「飛行機見ゆ」の略付である「ヒ」連送が、ラエ指揮所の無線機に入ってきた。その後の電報はなく、帰投（「帰港投《とう》錨《びょう》」の略で基地帰還を意味する海軍用語）時刻がきても徳永機は帰らない。敵戦闘機に撃墜された、と司令部は判断した。徳永ペアは、十三試双戦―二式陸偵―夜間戦闘機「月光」と続くJ1N1シリーズでの、初の戦死をとげたのだ。

徳永機を落としたのは、ポートモレスビーを根拠基地にする第41戦闘飛行隊のアルバート・W・シンズ中尉。彼のベルP－400（P－39Dの輸出型）「エアラコブラ」戦闘機は、ブナ湾北方二〇キロの洋上で「双発の偵察機」を捕らえ

工藤三飛曹（撮影時）の操縦で、台南空の九八式陸上偵察機一二型がルソン島東岸を飛ぶ。胴体下に容量160リットルの落下式増槽が付けてある。

撃墜した。

後述する米軍のガダルカナル島上陸で、ラエ進出の陸偵分遣隊は八月十日、残る全員がラバウルに復帰した。天候偵察や敵基地の偵察、艦隊索敵、基地の上空哨戒、それに邀撃と、任務には事欠かなかった。

陸偵隊の邀撃はそれまで気休めにすぎなかったが、八月二十期日の朝、工藤二飛曹が九八陸偵でみごとな戦いをくり広げる。

飛来したB－17八機を南へ四〇〇キロも追い、ソロモン海上で編隊左翼の二機に向けて、三番三号爆弾二発を投下。散らばった弾子の傘は、タイミングよく重爆にかぶさった。後方の機はたちまち爆発、分解して落ち、前方の機は燃料を白く噴きつつ、雲中に消えていった。

工藤機の戦果は一機撃墜、一機不確実撃墜と記録された。三号爆弾による確実な戦果は少ないうえ、本来なら攻撃兵装が皆無の九八陸偵が、重爆を撃墜したのはこの一例だけと思われる、珍しい空戦だった。

増槽しか付けられない九八陸偵の胴体下に、三号爆弾二発を積めるよう改造させたのは、副長の小園中佐である。磊落かつ直情径行、頑固一徹な中佐は、この爆弾をかつてボルネオで見て使えると直感し、航空本部や空技廠になんの相談もせずに、フィリピンの航空廠分廠に作業を頼んだのだった。

排気タービン過給機を備えた高高度性能、九梃の機銃と行きとどいた耐弾装備による防御力のため、零戦が編隊でかかっても撃墜至難のB－17を、同時に二機討ち取ったのだから、小園中佐が自分の案出した戦法に確信をいだいて当然だ。

中佐はただちに、この戦法の有効性と三号爆弾を積める高速機の必要性を、軍令部へ宛てて打電したが、この意見具申は無視されてしまった。彼の強烈な個性を中央の高級将校たちが好まず、相手にしたがらなかったためだろう。

陸偵分隊の本務の多忙、重爆捕捉の困難、それに九月からの敵機の夜間作戦への移行が重なって、空対空爆撃のユニークな戦法はあとが続かなかった。けれども、小園中佐がこの戦法をヒントに独特な攻撃兵装を案出し、工藤兵曹によって威力が実証されて、海軍航空に新たな分野を形成するのだ。

## ガダルカナル偵察行

昭和十七年八月七日に南部ソロモンのガダルカナル島に上陸した米軍は、弱小の日本軍守備隊および増援部隊を破って、できたての日本軍飛行場を奪取。ヘンダーソン飛行場と名がつくこの場所から、ソロモン戦線における米軍の巻き返しが始まる。

敵は、ガダルカナル島の北にあるフロリダ島の、ツラギ島とガブツ島の二つの小島にも上陸した。非力な守備隊はたちまち制圧されてしまい、ここに水上基地を設けている横浜航空隊の九七式飛行艇と二式水上戦闘機も全滅した。

東部ニューギニア以東、ソロモン諸島をふくむ南東方面を担当区域にする第十一航空艦隊司令部は、横浜空など海軍部隊と米上陸軍との戦闘状態を知ろうと、台南空に偵察を命じた。台南空では、ラエから急いで呼びもどした林分隊長と小野飛曹長に、川崎一飛を加えてペアを組ませ、敵上陸の翌八日、二式陸偵試作機でツラギ地区上空へ向かわせた。

ラバウルからツラギまで直線距離で一〇四〇キロ。午前五時に東飛行場を発進した二式陸偵が、目標上空にあと二〇分ほどのところに来たとき、かなたの飛行艇基地らしい場所から黒煙が高く上がっているのが見えた。

さらに、沖合に数百隻の舟艇がガダルカナルへ向かうのを認めた小野飛曹長が「こ

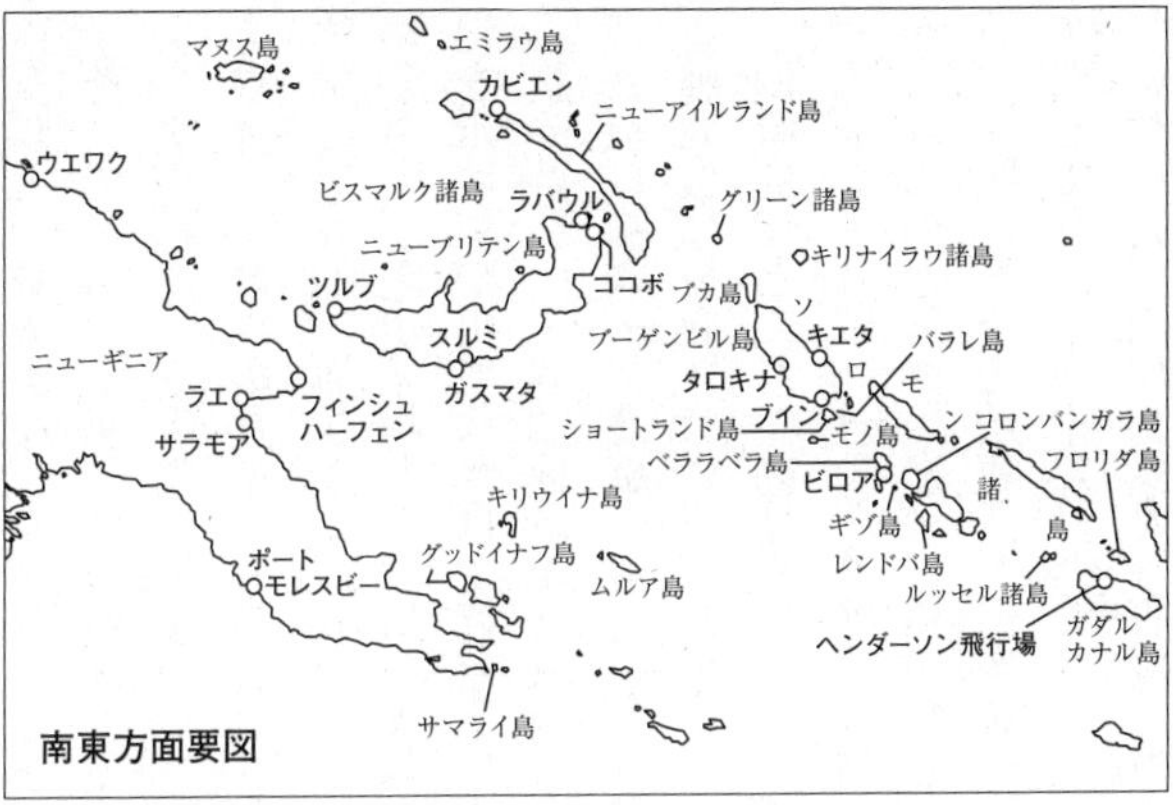


南東方面要図

れはすごい」と思ったとき、機体を乱打するような被弾の音。ふり向くと三～四機の敵戦闘機（おそらく空母からのF4F-4）がついている。飛曹長はいきなり機を降下に入れ、やられたように見せかけて敵弾から逃れると、そのまま危険空域を離脱した。こんな急機動ができるのも、もとが機体強度の大きな戦闘機だからで、純粋な偵察機だったらとても真似《まね》はできない。

ツラギの上空まで行けば敵機に食われてしまう。雲量も多かったため、偵察効果はないと林大尉は判断し、ラバウルへ向け機首を返した。

ヘンダーソン飛行場を取りもどそうと、陸軍は八月二十日前後に一木支隊に攻撃させたが失敗。ついで九月十二日の予定で川口支隊が再攻撃をかける作戦が立てられた。ところが予定日に、ラバウルにいた上部組織の第十七軍と、川口支隊との無線連絡がとぎれてしまい、攻撃状況をつかめない。

そこで、第十七軍の航空参謀・田中耕二少佐を海軍の偵察機に同乗させ、飛行場のようすを視認する手段が決まった。二式陸偵二機が用意され、小野飛曹長が田中参謀を乗せる機の操縦員を命じられた。十三年七月に中国軍の南昌飛行場に強行着陸したエピソードは、海軍部内に広く知られていて、「お前は敵の飛行場に降りるのがうまいから」が理由の指名だ。川口支隊が飛行場を占領して布板信号（布を敷いた形で状況を示す）が出ていれば、降着して直接連絡をとる手はずを予定してあった。

「腕時計を一〇個、捕虜から取ってきてくれ」と景気よく仲間から頼まれて、小野飛曹長機は高橋一飛曹機とともに、九月十三日の午前四時半にラバウル東飛行場を発進。零戦九機に掩護されてガダルカナル島をめざす。

四時間ほどのち、高度六〇〇〇メートルで目標上空に入ると、約二〇機の海兵隊のグラマンF4F-4「ワイルドキャット」戦闘機が迫ってきた。増槽を落とした零戦がこれに向かうあいだに、田中参謀は飛行場を偵察し、敵二十数機が駐機中なのを確認。大胆にも小野飛曹長が高度を三〇〇メートルまで下げると、二〜三機がプロペラを回して発進準備中だったので、電信員に胴体下の七・七ミリ機銃で掃射させて、帰途についた。川口支隊が飛行場を取っていないのは明白だった。

ガダルカナル島沿岸空域を編隊で飛ぶ海兵隊のグラマンF4F-4「ワイルドキャット」艦上戦闘機。台南空の零戦と互角に戦う手ごわい相手だった。

ガダルカナルに展開するF4F主体の三〇機あまりは、意外に強力だ。この偵察行でも零戦四機が帰れず、翌十四日の早朝には二式水戦三機が偵察に向かって、全機が食われてしまった。

十四日の午前八時、今度は分隊長・林大尉が偵察席に搭乗し、操縦の高橋一飛曹、電信の有働三飛曹とペアを組んで、ガダルカナル偵察に向かった。台南空の零戦一〇機の掩護のもと、四〇〇キロ／時の高速巡航で二式陸偵は同島上空にいたったが、やはり待ち受けた第223海兵戦闘飛行隊のフレデリック・R・ペイン少佐機とウィリス・S・リーズ少尉機に撃墜された。

二式陸偵の二番目の未帰還は、V-3を垂直尾翼に書いた試作六号機だった。分隊長ペアを失った陸偵分隊員たちは、この日の午後、ガダルカナルがある南東をにらんで、飛行場の一角に立ちつくしていた。

三機の二式陸偵試作機で、残るのは五号機だけ。まもなく、ただ一人の二式陸偵操縦員である小野飛曹長は、マラリアで入室（体内の病室で休む）したため、九月十五日から二十日までは九八陸偵だけが行動した。

小野飛曹長は体力が回復しないまま、二十五日から「V－2」号機で飛び始め、十月十四日にガダルカナル島偵察に出た。偵察が澤田一飛曹、電信が川崎一飛の、横空基地を発ったとき以来のペアである。

午前八時、ラバウル東飛行場を離陸。一時間前に西飛行場から上がった陸攻隊と、ガダルカナル北西のルッセル島上空で合流し、十時四十八分にガダルカナル上空に侵入した。一式陸攻の投弾や被弾による墜落、零戦の掩護戦闘を望見しつつ、写真偵察にかかる。

敵の飛行場には戦闘機が三〇機ほどならんでいる。澤田一飛曹が写真撮影に入ってまもなく、F4F五～六機の攻撃を受け、小野飛曹長は急旋回で避けたけれども右エンジンに被弾、プロペラが止まった。離脱に成功した飛曹長は、右翼タンクの燃料を捨ててバランスをとり、水平飛行維持のため左のフットバーを踏み続けて、できたてのブーゲンビル島ブイン基地に不時着陸。

着陸後の彼の第一声は「足がつっぱった」だった。

## 名称変更、内地へ帰還

それまで主として編成された基地名を冠していた外戦用実施部隊（外地で戦うための実戦用航空隊）は、昭和十七年十一月一日で三桁または四桁の番号で呼ばれる制度に変わった。艦上戦闘機を装備する基地航空隊には二〇〇番台の番号が割り当てられて、台南空は第二五一《ふたごおいち》航空隊に改称された。

同じ十一月一日付で、下士官兵の階級が改められた。下士官搭乗員は三飛曹がなくなって二飛曹に、二飛曹は一飛曹に、一飛曹は新呼称の上飛曹に変更。兵は最下級の四飛が二飛、三飛が一飛、二飛および一飛がそれぞれ新呼称の上飛および飛長へと、陸軍に合わせたかたちに改称された。これは整備員も同様で、「飛」の部分を「整」に変えればいい。

また、兵からたたき上げた特務士官は特務少尉、特務中尉と呼んでいたのが、「特務」がはずれて、たんなる少尉、中尉に変わった。これで表面上の階級呼称は兵学校出身者と同じなのだが、指揮権、職務など権利と優先の差は歴然として残り、特務士官は少佐に任用されないかぎり、将校たる「海軍士官」ではなかった。

大学、高等専門学校から入隊した、予備学生出身の予備士官も同様で、現役志願をしないと「士官」にも少佐にもなれなかった。予備士官など尉官の階級呼称から「予備」がなくなるのは、「特務」廃止から八ヵ月のちである。

なお本書では便宜上、「将校たる士官」を正規士官と記述し、たんに士官とした場合は予備と特務を加えた少尉〜大尉の総称を意味する。

台南空が二五一空に変わって数日後、内地への帰還命令が出た。開戦このかた外地で戦い続け、零戦の戦功者を輩出した台南空／二五一空は、撃墜、撃破、地上破壊を合わせて八〇〇機以上の戦果を記録したかわりに、自らの戦力もひどく消耗したからだ。

十一月六日から飛行機をはじめ使用兵器の還納にかかり、零戦と陸偵は現地に残して、一部の幹部をのぞく隊員たちは十一日に輸送船でラバウルを出港。台湾・高雄経由で内地へ向かい、十二月から愛知県の豊橋基地で戦力回復に入る。一機だけラバウルに残された二式陸偵試作機の、その後は判然としていない。

### 陸偵への変身

十三試双発陸上戦闘機が二式陸上偵察機として正式採用されたからには、相応の改修をほどこさねばならない。中島飛行機では大野担任技師を中心に、運用目的の変更と量産への二つの対応に取り組んだ。

主翼の自動スラットは作動を確実にするために、手動の油圧作動方式を併用した機体が試作され、テストが続いた。空戦性能を望まれない陸偵ならスラットは不要との考えもあったが、離着陸時の失速特性が良好とは言いがたいため必要と判断され、自動をやめて手動の油圧作動に直して残す処置がとられた。離着陸や機動によく利《き》いた空戦フラップは、そのままで変更はなし。

2枚に分かれた手動式前縁スラットをいっぱいに開いて滑走する。19年なかばの量産機、「月光」一一型。

機首の二〇ミリ機銃一梃と七・七ミリ二梃の固定武装も、強行偵察時に必要とみなされ、装備が決まった。敵戦闘機に追われたら、まずは逃げの一手の偵察機なので、防弾の配慮がなされ、操縦員の背後に五ミリ厚（固定）と一五ミリ厚（着脱可）の防弾鋼板を取り付け、翼内タンクは二二ミリ厚のゴムで覆われた。ゴムはのちに二八ミリ厚に増したといわれる。

特徴の一つだった左右逆回転のエンジンについては、左回りの「栄」二二型は故障を生じやすいため、右回りの二一型に統一せよとの要求が、海軍側から出された。試作機の一機を空技廠で改修し飛行実験により調べたところ、とくに問題なしと判定され、量産機は二基とも右回転に決まった。生産性はもとより、整備の手間、可動率の向上、飛行トラブルから見て、この方が得策なのは言をまたない。

二式陸偵の生産型は十七年六月から、前年に完成した中島・小泉工場でロールアウトし始めた。二式陸偵とのちの「月光」の、月別の生産機数は次のとおり（試作と増加試作の九機はふくまない。カッコ内は計画機数）。
▽昭和十七年
六月　一（二）、七月　二（三）、八月　一（五）、九月　五（五）、十月　二（六）、十一月　七（一〇）、十二月　八（一〇）　計二六機（四〇機）
▽昭和十八年
一月　九（一〇）、二月　九（一五）、三月　一〇（一五）、四月　一〇（一〇）、五月　一一（一一）、六月　一二（一二）、七月　八（一三）、八月　七（七）、九月　一二（一二）、十月　一八（一六）、十一月　二二（二〇）、十二月　二二（二二）　計一

五〇機（一六三機）
▽昭和十九年
　一月　二五（二五）、二月　一八（二六）、三月　一八（二八）、四月　三五（四〇）、
五月　四〇（四五）、六月　四〇（四五）、七月　二七（四五）、八月　三五（三五）、
九月　四〇（二〇）、十月　二三（一）　計三〇一機（三一〇機）
　合計四七七機（五一三機）

　正式採用といっても、陸偵は多数機を必要としない機種だから、十七年末までにわずか二六機が作られただけだ。十七年度（四月から十八年三月まで）の合計でも五四機にすぎない。

　もともと戦闘機として設計されているので、機体の強度は充分にある。航空本部や空技廠ではなにかうまい用途はないかと、雷撃機案や急降下爆撃機案が出された。各種仕様の要求に、中島の現場では「G（十三試双戦の社内呼称）の七化《ななば》け」の呼び名が生まれたほどだった。

　また、双発陸戦が失敗に終わった主因の一つが遠隔操作の自動銃架だったため、確実に扱える油圧を用いた直接操作式の兵装に変える案が、十八年に入って立てられた。

ドイツのラインメタルＭＧ131の国産版・二式一三ミリ旋回機銃が、二梃付けられた球形銃塔を、中央の偵察席をつぶして装備する方法である。

大きな航続力を生かして、艦隊同士の砲撃戦に必要なデータを基地から出動して得る、陸上観測機仕様に付ける武装だった。戦闘機に襲われたさいに機動力の不足分を旋回式火器で補おうとする、その場しのぎ的な対策だが、のちに空技廠で実機が作られる。

# 2　夜間戦闘機、ラバウルで誕生

## 豊橋基地の陸偵分隊

ラバウルから帰り、豊橋基地で錬成を始めた第二五一航空隊の司令には、昭和十七年十二月五日付で斎藤正久大佐に代わって、副長だった小園安名中佐が補任された。小園中佐、飛行長の中島正少佐、飛行隊長の向井一郎大尉のいずれもが、戦闘機搭乗員（すなわち操縦員）の出身だった。

二五一空の主力はもちろん零戦で、定数（規定による装備機数）は六〇機（うち補用一五機）。これに対し、あくまで補助兵力である陸上偵察機の定数は八機（同二機）にすぎないけれども、ここでは陸偵分隊の動きにしぼって話を進めていく。

二五一空・陸偵分隊の装備機は、九八陸偵がなくなって二式陸偵だけに変わり、中島の小泉製作所から新造の生産型を運びこんだ。

昭和十八年が明けると、転勤の辞令を受けた搭乗員たちが、艦爆隊や艦攻隊、水上

昭和18年（1943年）の正月を豊橋基地で迎えた第二五一航空隊の偵察分隊員。前列中央が分隊長・木塚中尉、その左は小野飛曹長。中列左端は金子一飛曹、7人目・工藤一飛曹、右から2人目・澤田上飛曹、右端・山野井誠一飛曹（操縦）。庁舎（本部建物）を背にして。

機隊から豊橋に集まってきた。陸軍と異なり、海軍では陸偵操縦員の専修コースは最後まで作られなかった。また十八年初めの時点では、陸偵だけを装備する航空隊はないから、操縦員は他機種からの転科者を充当するしかなく、出身航空隊がバラバラなのだ。航法を受けもつ（二座機の場合は電信も）偵察員は、どの機種に乗っても基本的な任務と作業は同じなので、これまた各種の部隊から転勤してくる。

戦闘機が飛びにくい時間でも偵察機には出動命令がかかるし、単機での長距離進出が原則だから、薄暮および夜間の定点着陸（母艦着艦に準じる、定位置への三点着陸）や洋上計器飛行の訓練を、さかんに実施した。ところが冬場はエンジンが冷えきって、気化器式の「栄」は容易にかからない。午前中は野球をやりながら始動を待ち、暖機運転を終えた機のペアから乗って飛ぶのだが、夕方まで待っても発進できない者もいた。

このころ司令の小園中佐は、しばしば航空本部に出向いている。二五一空の隊内では、司令が中央で異常者呼ばわりされているらしい、と噂がたった。司令が奇人のごとく見なされたのは、航空本部で特殊な兵装の採用をつよく主張したからだ。

## 斜め銃を思いつく

零戦が最も手こずった敵機B－17を、自分の発案で九八陸偵に三号爆弾を付け、みごと撃墜を成功させた小園中佐は、昭和十七年十一月中旬、ラバウルから輸送機で内地へ向かう途中、ふと「三号爆弾を落とすよりも、機銃を下向きにつけて撃つ方が、よく当たるのではないか?!」と思いついた。

すぐに立ち上がって操縦席へ行き、操縦輪を握って機を動かすうちに、ななめ下向きの機銃装備法に自身がわくとともに、戦闘機の背にななめ上向きに取り付けて、下から撃ち上げる方法も浮かんできた。戦闘機の固定機銃は、機軸に水平な弾道を得るように装着されている。敵爆撃機に反航（向き合う）で前方から射撃すれば、相対速度でたちまちすれ違うため、発射弾数は少なく命中率も低い。反対に、後方からなら速度差がほとんどなくなり、多くの弾丸を撃てるし命中率も高まるが、敵の銃座からもねらわれやすい。さらに、前方からにしろ後方からにしろ、いくらかでも上下か左右にずれて占位すれば、敵機の進行速度を考えてその未来位置に当てる見越し射撃が必要だ。

ところが、機銃をななめ上向きかななめ下向きに付けると、後下方か後上方に占位して敵機と同じ速度で飛びつつ、弾丸がつきるまで連射をかけられる。平行に同航するのだから、見越し不要の無修正射撃でいいし、角度によっては自機を敵の防御機銃の死角（機銃がねらえない範囲）に置ける。少なくとも、相手の意表をつけるだろう。

このななめ固定装備機銃が、真に威力を発揮できるのは夜間である。

夜間飛行をしばしば訓練した陸軍戦闘隊と違って、海軍の艦上戦闘機は原則的に夜は飛ばない。単座では夜間の発着艦や洋上航法をこなしきれないし、能力制限を同じくする敵の艦上機が、夜襲をかけてくる可能性がなかったからだ。

日本軍には夜間戦闘機と言う部門《カテゴリー》はそもそも存在せず、海軍の戦闘機はつぎの三種に分けられていた。

①おもに空母から作戦し、敵戦闘機とわたりあって制空権を得る艦上戦闘機

②陸上基地に展開し、基地・要地の上空に迫る敵爆撃機を迎え撃つ局地戦闘機
③陸上基地に展開し、陸攻を掩護して遠く敵の主要地上空に進入する遠距離戦闘機

昭和十八年初めの時点では、①は言うまでもなく零戦、②はまだテスト段階にあった十四試局戦（「雷電」）で、③は十三試双発陸戦の不採用により該当機なし、の状態だった。

攻勢一本槍の陸海軍は防衛に関してはうとく、夜間に来襲する爆撃機への直接的な対抗策は、高角砲（陸軍では高射砲）と探照灯（同じく照空灯）ですませていた。敵の夜間空襲を軽視したのは、それを実行される前に敵の基地をつぶせばいい、との基本理念があったためだ。

けれども、世の中は思惑どおりには行きはしない。南東方面で米軍の反抗の口火を切ったB-17重爆の基地、ニューギニアのポートモレスビーを奪取しようと、陸軍は十七年の七月から十一月にかけて山越えの陸路を進撃するが、果たせずに退却。海軍の一式陸攻と零戦によるモレスビーへの空襲も、大した効果を得られなかった。

やられる前に敵基地をつぶす先制攻撃は成功せず、B-17は夜のラバウルに少数機だがひんぱんにやってきた。高角砲部隊が探照灯を頼りにさかんに撃っても、来襲高度の高さもあってまず当たらない。零戦を上げたところで、夜間飛行の訓練をしてい

後下方からB−17を見る。ななめ上向きに機銃を取り付ければ、予想外の位置から敵大型機に連射を加え、致命傷を与えられる。

ないから、星明りを頼るごく狭い視界での機動空戦は危険で、効果も期待できない。高角砲の味方撃ちもありうる。とにかく、連日のように続くソロモンの激しい航空戦に、出撃する戦力を一機でも減らせないのだ。こうして零戦による邀撃は手びかえられた。

B−17はポツリポツリの点滴爆撃だから、大きな被害は出ないが、搭乗員の神経がたかぶって眠れなくなるのが困る。ラバウルの将兵は歯がみする思いで、爆音がひびく空をにらんでいた。

ある程度の速度と運動性をそなえた多座機に、ななめ固定機銃を付ければ、この難問は解決できる。例えば後下方から接近すると、こちらの機影は地表の暗さに溶けこんで、敵クルーに見つからないから、占位は容易だ。動きがにぶい重爆の機動には楽についていけるし、相手が火を噴くまで連射をかけられる。

輸送機の中で小園中佐が、ななめ装備機銃に思いいたったとき、夜間空戦にだけ有効と考えたのではない。対戦闘機戦闘の格闘戦にも、対地（対海面）にも使える万能兵器と思いこんだ。ここに小園中佐の勇み足があったのだが、その反動の表われは逐次後述していく。

ともかく、斜め銃（以下、ななめ装備固定機銃をこう記す）の発案は日本の軍航空、とりわけ夜間空戦に比類ない功績を残したのは間違いない。海軍航空も陸軍航空も夜間戦闘機用の電波兵器をまったく実用できないなかで、斜め銃を唯一の専用武器として戦い抜いたのだから、この特殊兵装なくして、日本の夜間戦闘機は存在しなかったとすら断言できる。

だが物ごとは、アイディアを思いつくよりも、実際に使える状態へもっていく方が難しい場合が多い。小園中佐が異常者のごとくに見られた原因は、それゆえであった。

## 反感と冷笑のなかで

「これで大東亜戦（太平洋戦争の旧称）は勝てる！」

帰還途上の輸送機の中で感じたこの興奮を、中央のメンバーにどう伝えるかを思案しつつ、小園中佐が横須賀に着いたのが十七年の十一月中旬。横空の庁舎（司令部の建物）へ行くと、ラバウルでのB－17との交戦状況を知っているからと、空技廠で進行中の大型機（B－17）撃墜対策会議に引っぱり出された。会議には空技廠長・和田操《みさお》中将、飛行実験部長・杉本丑衛《うしえ》大佐のほか、航空本部、軍令部からも担当責任者が出席していた。

新型戦闘機の開発など、ひととおりの意見が出たところで水を向けられた中佐は、ななめ機銃の構想を切り出した。

話し終わる前に、室内のふんいきは白けていた。兵学校が小園中佐の一期後輩で、軍令部から出席の源田実中佐以下、飛行実験部と横空からの士官操縦員はこぞって反対。機体の軸線に平行な弾道の固定機銃を使って、敵機の後方に食いつく訓練と実戦をかさねてきた彼らには、やぶにらみの機銃を受け入れる素地がそもそもない。若い士官までが勢いづいて「こんなものは実験する価値がない」と断言する始末だ。

ほかに二つの反対原因があげられる。一つは、かんたんすぎる内容だ。複雑で高度な機構の兵器なら彼らも一目《いちもく》置いただろうが、機銃をただななめに付けるだけでは、マユツバと感じるのも無理はない。こんな安直な仕掛けの斜め銃を、おそらく小園中佐が「万能の必勝兵器だ」と力説したと思えるのが二つ目。いったん理解すれば引きつけられる彼の性格も、なじまない者にとってはゴリ押しの頑固《がんこ》さにしか感じられず、反感がつのるばかりだ。まして斜め銃は、決して中佐が思うほどのオールマイティな武装ではないのだから、なおさらカチンとくるだろう。

杉本大佐が「実験だけは一応やってみよう」と慰めを言ってくれただけで、取りつく島もない空気だった。

唯一、小園中佐への追い風だったのは「補二五一空司令」の辞令だ。部隊のトップだから、少なくとも隊内で斜め銃をはばむ者はいない。自身の構想の実現に向けて、軍令部および航空本部に対し、彼はひるまず折衝を開始する。

昭和十八年一月から二月にかけて、小園中佐は異常者視されるほど斜め銃の威力を説いてまわった。だが、兵器としてテストを認可する軍令部、改修作業とピュアな性能テストを担当の空技廠、実用テストを受けもつ横空のいずれもが、いっこうに動こうとしなかった。中佐の奇行、一本気など個性のつよさが、官僚的なメンバーを相手にして裏目に出たかたちだった。

## ドイツでも斜め銃を実用化

日本海軍における斜め銃はたしかに小園中佐の創案だったが、前例や類似の例がなかったわけではない。

第一次世界大戦の初期には、胴体の機関銃で直前方を撃つのは、プロペラがじゃまで容易ではなく、さまざまな変則機関銃が試された。操縦席の外側にななめ側方に向けて取りつけたものや、複葉の上翼の上にななめ上向きに備えた機があった。後者の例はフランスのニューポール戦闘機の初期シリーズにも見られ、例えば英空軍のアルバート・ポール少尉はこの機で戦い、エースの座についている。後下方から敵戦闘機の死角をつく戦法だった。

回転するプロペラのあいだから機関銃弾を発射できる同調装置の採用が、各種のやぶにらみ装備法を葬り去った。戦闘機の主任務は制空権の確保にあり、敵戦闘機の撃墜が第一義に上げられる。同じような速度と運動性をもつ敵が相手なら、前方に捕捉して撃つ方が確実かつ容易なのは当然で、第一次大戦が中盤に入るころには、職人芸的な勘となれが頼りの変則装備機関銃は、すっかり過去の遺物と化してしまった。

第一次大戦が終わって二〇年たち、翌年には第二次大戦が始まるという一九三八年（昭和十三年）、退役ドイツ軍人のティーデなる人物が、ドイツ航空省に現われ、ななめ上向き装備機関銃の有効性を述べたてた。

ティーデは、少尉で第24戦闘中隊員だった一九一八年五月下旬、サーチライトに捕まった敵三機を撃墜した、殊勲のパイロットである。その後、中隊長に昇進して着任した隊で、部下の一人が乗機に二梃の機関銃をなため上向きに装着しているのを見た。これで後下方から敵機を攻撃すれば、サーチライトの光芒に幻惑されない、との説明が、ティーデの印象につよく残った。

ティーデはこの変則装備機関銃を、夜間の爆撃機邀撃に使えると思ったのだろう。しかし、せっかくの進言は航空省から一顧だにされなかった。一九三八年はちょうど、ドイツ空軍が試験的に少数機の夜間戦闘機隊を作り、昼間戦闘機部隊の一部に付属させ始めた年だ。進言のタイミングはさほど悪くなかったけれども、夜間空襲の認識や対策などは空軍首脳部にまだほとんどないと言っていいころだし、変則装備機関銃そのものがキテレツなアイディアにすぎない、と一蹴されてしまったわけである。

それから三年後。英空軍の夜間爆撃が現実のものになり、ドイツ夜間戦闘機部隊の組織が拡充されつつあった一九四一年（昭和十六年）に、第一夜間戦闘航空団のパイロットのルドルフ・シェーネルト中尉が変則装備機関銃のアイディアをもち出した。双発機の胴体に機関銃を垂直に取り付け、敵爆撃機の下方にもぐりこんで真上へ撃ち上げる攻撃法である。

シェーネルトの新案を聞いた夜間戦闘機師団長（夜戦組織のトップ）ヨーゼフ・カ

ユンカースJu88Gとともにドイツ夜間戦闘機隊の主力だったメッサーシュミットBf110G-4。後部風防内に70度以上の角度で左上を向く2門のMK108 30ミリ機関砲が、ドイツ版斜め銃の「シュレーゲ・ムジーク」。

ムフーバー少将は、いったん握りつぶした。翌一九四二年（昭和十七年）の夏、タルネビッツの兵器試験場で、双発爆撃機を改造したドルニエＤｏ17Ｚ夜間戦闘機と、メッサーシュミットＢｆ110双発戦闘機を使ってテストが進められた。

それまでに爆撃機二一機を夜間撃墜して、この年の七月にドイツ軍人あこがれの騎士鉄十字章を受け、発言力を増していたシェーネルト中尉は、Ｄｏ17より高速でＢｆ110より大柄《おおがら》（機関銃の装備が容易）なドルニエＤｏ217の使用をあらたに申請。許可が出て、改装に使う機が用意された。

機関銃を垂直に装備すると、敵機の真下に入らなければ命中弾を与えられないから、占位が難しい。また、真上をにらむのは楽ではないし、視野が狭くて敵重爆がコースを変えたとき見失いがちだ。夜戦関係の技術顧問フィクター・フォン・ロスベルク中佐は、こう判断して、できるだけ効率がいい装着角度を調べ、機体の軸線に対し仰角《ぎょうかく》六五～七〇度の上向きにするのが最良との結果を得た。この角度で敵機を射程内に入れた場合、相手が一秒間に八度の割合で旋回しても、パイロットは目標を視認し続けられる。

この「新兵器」の試用が決まって、三機のＤｏ217に四～六梃の二〇ミリ機関銃を装備。下部組織の第３夜戦航空団、ついで第５夜戦航空団で、シェーネルト大尉自ら実用テストにかかった。彼の部下で兵器員のパウル・マーレ曹長は、この兵装に興味をいだき主力機材のＢｆ110に積んだところ、その機で出撃したシェーネルトが初戦果をあげて帰ってきた。一九四三年五月のできごとである。

ロケット兵器の研究・実験施設があるペーネミュンデに、英空軍が空襲をかけた八月中旬、第５夜戦航空団・第Ⅱ飛行隊のペーター・エルハルト少尉は、「斜め銃」装備のＢｆ110で四発重爆四機を撃墜。以後の空戦でも、特殊装備機関銃による戦果は続いた。シェーネルトの後任、第Ⅱ飛行隊長マンフレート・モイラー大尉は、九月末までの実績について「実験的に用いたななめ装備機関銃により、被弾なく一八機を撃墜」との報告書を提出し、大きな反響を呼んだ。

ななめ装備機関銃はR22仕様の記号がついて、ドイツ空軍の制式兵装に採用され、以後、既存機の改修、生産中の機への導入が進む。「シュレーゲ・ムジーク（斜めの音楽）」の愛称で、一九四三年から敗戦までドイツ夜間戦闘機隊の主力兵器の一つであり続けた。

以上がドイツ版斜め銃の誕生経過だ。感情がさきに立った日本と、理詰めで進めたドイツ、関係者の個性の違いなど、両国に多少の差異はあっても、発案から試行、採用、普及にいたる過程が意外なほど似ている。

## 浜野中尉、登場

豊橋基地では二五一空・陸偵分隊の錬成が続けられていた。操縦訓練は昼間の定点着陸から始まって、洋上計器飛行まで進むと、陸軍航空審査部から借りてきた捕獲B－17を飛ばして、三号爆弾攻撃用の占位機動とタイミングの勘を養った。ついで夜間定着と、機首の固定機銃の射撃訓練にうつると、仕上げが近い。

陸偵分隊の操縦員で、ラバウルでの二式陸偵（十三試双戦試作機）経験者は小野了飛曹長ただ一人。あとは台南空当時からの九八陸偵操縦員と、他部隊からの転入者で、

右：18年4月、豊橋基地で工藤一飛曹が二式陸偵の機首下に立つ。左：同じころ、進級したての澤田飛曹長と山野井一飛曹。

後者には艦爆専修が多かった。したがって、いずれも双発機に移行する訓練が必要だが、両方のエンジンをスロットルレバーで同調させるコツを呑みこめば、とくに問題は生じなかった。

ただし、十三試双戦／二式陸偵は失速特性にやや難があって、着陸時の安定保持に苦労する操縦員がかなりいた。分隊内でキャリア最長の小野飛曹長も、扱った様々な機のうちでJ1N系列（十三試双戦、二式陸偵、夜間戦闘機「月光」）は「やりにくい」と感じた。もちろん機材の好みに個人差があるのは当然で、飛行時数が多くなくても、さほど苦労せずに乗れると感じた者もまれではない。

偵察機は単機で遠距離を飛ぶのが任務

だから、偵察員の技倆が、任務の成否はもとより、ペアの生命にも大きく関わる。無線機をあつかう電信員も、状態のいかんを問わず打電しなければならず、熟練を要求された。偵察員、電信員の航法通信訓練は操縦員の訓練と併行するかたちで進められ、洋上計器飛行、偏流測定を目標に腕を上げていった。

昭和十八年三月の上旬、二五一空が所属する第二十五航空戦隊に、ラバウル再進出が命じられた。進出時期は二ヵ月後の五月初め。

機器材の受け入れと錬成は追いこみに入った。陸偵分隊の定数は八機で、三月初めには五機だけだった二式陸偵も、中島飛行機・小泉製作所からの空輸が進んで、四月初めには一二機に増加した。無論すべて生産型で、補用を二〜三機見こんでも満足できる数である。訓練も四月からは、最終段階の夜間編隊飛行が始まった。

四月十一日、静岡県掛塚までの夜間飛行に離陸した二機が、編隊を組もうとして空中接触。どちらの二式陸偵も浜名湖の南、新居の海岸に墜落し、搭乗員六名は全員殉職した。このうち二名の偵察員の一人が、分隊長・木塚重命《しげなが》中尉だった。

台南空の飛行隊長は零戦の向井一郎大尉で、陸偵分隊のトップが木塚中尉だ。トップを失ったのでは、陸偵分隊は動きがとりがたくなる。そこで呼び寄せられたのが、大分県の佐伯航空隊で分隊長を務めていた浜野喜作中尉である。

同じ「中尉」でも、昭和十一年に第六十七期生として兵学校に入校、飛行学生を卒業して一年半の将校（正規士官）・木塚中尉と、大正十一年（一九二二年）に海兵団に入り、第九期飛行術（偵察）練習生を卒業して一七年の特務士官・浜野中尉とでは、キャリアの長さが親子ほども違う。

飛行機搭乗は大正十三年から、という海軍航空草わけの一人の浜野中尉は、昭和八年に霞ヶ浦航空隊で、一空曹／空曹長の彼が教員、大尉だった小園中佐が教官の立場でコンビを組んだ。また、翌九年に初めて空母「龍驤」で編成された艦爆隊で、一等航空兵だった小野飛曹長とペアであった。

浜野喜作中尉（大尉当時。偵察）。後ろは「月光」。

浜野中尉の技倆と落ち着いた人格を覚えていた小園司令が、人事局にはかって転勤させたと考えられる。司令のねらいは、的中どころか、予想外の大きな成果をもたらすのだ。

## 突貫作業で機銃を付ける

浜野中尉は昭和十三年から十五年にかけての横須賀空付のおり、九六陸攻の胴体下部に二〇ミリ機銃を取り付け、爆撃時に地上を撃てばかなりの効果を得られると考えて、霞ヶ浦に浮かべた飛行艇を標的に実験を試みた。爆弾はそれてしまったが、下方装備機銃の二〇ミリ弾は命中し飛行艇を燃やして、彼の発案の正しさを証明した。

せっかくのこの特殊兵装も、空技廠・射撃部の部員に「むちゃな撃ち方」と一蹴されて、それ以上には発展しなかった。その後十七年まで兵器部検査官付を務め、各種搭載兵器への造詣《ぞうけい》をふかめつつ、変則装備機銃の案をあたためていた。

小園中佐に再会して聞かされた斜め銃のアイディアは、浜野中尉の変則機銃案にぴったり嚙み合った。ラバウルへ向かうまで半月しかない、ぎりぎりのタイムリミットで中佐は絶好のパートナーを得て、斜め銃構想に進展がない苛立《いらだ》ちを話し、具体策をまかせた。

中尉の頭にすぐ浮かんだのは、横空時代に木型審査に立ち会い、空技廠時代には飛行実験部にまわってきた試作機に試乗してもいる、十三試双発陸戦の姿だった。この機が新着任の分隊の装備機・二式陸偵に変わった経過ももちろん知っている。二式陸偵は三座なので、航法能力があるし、胴体の容積が大きいから斜め銃を積むのに都合がいい。

斜め銃を「昼間も夜間も使える万能必勝兵器」と思いこんだ小園中佐にくらべ、浜野分隊長は技術と戦法の両面から冷静に考えて、夜間の爆撃機を攻撃するのに最適、と判断した。機軸に平行に機銃を付けた通常の戦闘機だと、どうしても機動空戦に入るから夜間は衝突の可能性が大きいが、斜め銃を背中に上向きに装備すれば、水平飛行のまま射弾を送れる。

それでは、取り付け角をどうするか。操縦員が機の姿勢を確保するために水平線を見、かつ目標を見るためには、首をぐっと上に向けるような深すぎる角度ではまずい。これを念頭に置き、敵機との高度差は五〇～七〇メートルにする。探照灯の圏外に出て、相手とぶつかる恐れもなく、無修正で有効弾を得るには、射距離は一〇〇～一五〇メートルが望ましい。浜野中尉は以上を総合して、射角を仰角で三〇度と決定。機軸に対し三〇度上向きに二〇ミリ機銃を装着するのである。

斜め銃による夜間邀撃も考えていた小園司令は、二式陸偵に装備して夜間戦闘機化する浜野案をすぐに理解し、データを頭に入れて航空本部へ出向いた。

前年の十二月に斜め銃万能論をぶったときとは違って、戦法と数字が明示されている。航空本部側も「一理あり」の対応をする声も出たようすだが、軍令部→空技廠飛行実験部→横空のコースを無視しての、制式兵器に加える改装には、自分たちのプライドもあり許可は出せない。中佐はまた厚い壁に阻まれてしまった。

不許可を伝えられた浜野中尉は大いに残念がり、あきらめられず、いま一度の交渉を司令に頼んだ。中佐も労をいとわず、また上京して航空本部に乗りこみ言い放った。

「もうこれ以上は待てんから、自隊の工作力でやるぞ！」

ここで救いの手を出したのが、十三試双戦の試作途中から巌谷技術少佐に代わって、航空本部側の担当官を務めていた永盛義夫技術少佐。小園中佐の気持ちをくんだ永盛技術少佐は一計を案じ、放置同然の十三試双戦を斜め銃装備用に使っては、と進言した。

合わせて九機作られた試作機および増加試作機は、一機がタブのフラッター（空気流による振動）のための空中分解で失われ、一機は整備用の教材へまわり、三機をラバウルの台南空で消耗したが、まだ飛べるものが三〜四機残っていた。制式機材の二式陸偵はいじりがたくても、用ずみの試作機を実験的に改修するのなら、正面きっての文句はどこからも出てこない。結局、反対意見をこれで押しきった。

ゆったり取りかかっている時間などない。三機の改装は空技廠で実施され、九九式二〇ミリ機銃を知りつくした叩き上げの田中悦太郎中尉が担当。中島から大野担任技師、二五一空から浜野中尉と小野飛曹長が出向いて協力した。

斜め銃は上向きに二梃のほか、小園中佐の意見をいれて、夜間空戦と地上銃撃両用の三〇度の俯《ふ》角《かく》（下向きの傾斜）をつけた二梃を加え、合計四梃の九九式二〇ミリ二号固定機銃三型（一〇〇発入り弾倉式）を胴体中央部に装着する。大野技師の計算で、動力銃架や電信員の座席、機首武装を取りはずせば、重心点の移動はわずかですみ、飛行に差しつかえなしと分かった。

突貫工事により一〇日とたたずに二機の改修を終え、豊橋基地に運びこむ。空戦実験のため横空から花本清登少佐に零戦で来てもらい、小野飛曹長や遠藤幸男《さちお》少尉の操縦で小園司令自身も後席に試乗した。二人のベテラン操縦員は艦爆と艦攻の出身で、戦闘機乗りではなかったために、この奇抜な兵装を抵抗なく受け入れられたのだろう。

二式陸偵の電信席とその後部（十三試双戦の動力銃架除去スペース）に、30度の仰角および俯角をつけて、上方と下方2梃ずつの九九式20ミリ二号固定機銃三型を装備した。

陸偵分隊員の改造夜戦の訓練は、四月二十七日から始められた。曳的機に引かせた吹き流し（白布で造った円筒状の標的）射撃や接敵訓練、夜間の探照灯との連携飛行などを場当たり的に進め、未消化の慣熟飛行や実用テストは現地に着いてからにする。あわただしい見切り発車だった。

**初撃墜を手中に！**

二五一空の主力・零戦隊は、空母「冲鷹」に積まれてひと足早く横須賀を出港、四月三十日にトラック諸島について好天を待ち、五月十日にラバウル東飛行場に進出した。

航法能力と航続力が零戦にまさる陸偵分隊は別行動をとり、豊橋基地からマリアナ諸島テニアン島、トラック諸島経由で、空路をラバウルへ向かう。四月三十日の出発予定は天候不良で延び、五月三日に浜野中尉ら二五名の乗る九機が豊橋を離陸。人数が三で割り切れないのは、七機の二式陸偵に十三試双戦改造夜戦が二機まじっているからだ。

小笠原諸島・父島の上空あたりから雲量が増え、視界がせばまって三機ずつの編隊がくずれた。

テニアン島付近まで飛んできて、遠藤少尉機は片発が故障して止まり、飛行速力を保てず、飛行場の手前の畑にすべりこんだ。植えてあったサトウキビがクッション役をはたして、搭乗員にけがはなく、機体の破損も意外に少なかった。この機が二式陸偵なのか改造夜戦なのか、後席に乗っていた川崎金次二飛曹と、浜野分隊長との記憶に違いがあり、断定が難しい。

八機は無事にテニアン島に降りられ、ここで三泊。トラックの竹島で四泊の天候待ちをかさねて、五月十日に七機がラバウル東飛行場に到着。翌日一機が竹島から追及し、もう一機（テニアンでの不時着機か豊橋基地からの追加機か不明）も十七日に加わって、もとどおりの九機がそろった。

陸偵分隊はただちに、地形慣熟と基地の上空哨戒をかねた飛行訓練を始め、五月十三日からラバウル湾内の艦船や陸上施設を守る、哨戒と防空をかねた作戦飛行にうつった。使われたのは一日あたり二式陸偵が一〜二機で、敵爆撃機が来れば、機首の二〇ミリ機銃と七・七ミリ機銃で攻撃する算段である。

二五一空の進出を待っていたように十一日未明から、ポートモレスビーを基地とする米第5航空軍のB-17、B-24が空襲をかけてきた。

夜間邀撃の実施は必定《ひつじょう》なので、改造夜戦は夜間の接敵、攻撃訓練を急いだ。飛行場の夜間設備（灯火）の新設、探照灯部隊を第二十五航空戦隊（第五空襲部隊）司令部

18年の春、ラバウル東飛行場に列線を敷いた二〇四空の零戦。二一型と二二型が混在している。

の指揮下へ編入など、夜戦に協力するための諸準備も進められた。

前年の八月以来、この方面で戦っていた二〇四空の零戦隊は、探照灯に浮き出る四発重爆を少数機で邀撃したが、思いきった機動をとれないため戦果は得られなかった。高角砲ももちろん当たらず、地上の隊員たちは敵機が飛び去るのをひたすら待つだけの状態だった。

初めて改造夜戦が作戦飛行に上がったのは五月十五日。台南空当時に三号爆弾でB−17を落とした工藤重敏上飛曹と、飛行士(飛行長の補佐役)の菅原典《あつし》中尉のペアが搭乗して、ラバウル周辺の哨戒を担当した。

慣熟訓練の延長のような軽い任務である。敵重爆がポートモレスビーの飛行場を発

ポートモレスビーのジャクソン基地から第43爆撃航空群のB-17Eが出動した。ただし5月20日の場合は夜間の離陸だった。

進すると、付近にひそむ日本軍の諜報員《ちょうほう》から「○時に○機出た」と報告がラバウルに入る。改造夜戦は初出動から五日間、諜報員の連絡を待ち続けた。

五月二十日、木曜日の夜、諜報員から敵機出撃の連絡が届き、改造夜戦にとっての本番が訪れた。十五日と同じ工藤上飛曹―菅原中尉（操縦―偵察）ペアが搭乗し、翌二十一日午前一時五十八分に発進。夜間初出動の改造夜戦の操縦員に工藤上飛曹が選ばれたのは、九八陸偵でのB-17撃墜の強運を小園司令が買ったためだろうか。

探照灯が敵機を捕らえているあいだは高角砲が撃ち、光が消えたら射撃をやめて夜戦が攻撃するよう手はずを決めてあった。菅原機（操縦員、偵察員にかかわらず階級上位者が機長で、その名を冠して呼ぶ）は明るく輝く月の光を浴びて、基地上空付近の哨区（哨戒空域）を高度二〇〇〇～三〇〇〇メートルで飛び続ける。雲はやや多いが、

東飛行場を走行する十三試双戦改造夜戦。右舷エンジンが双戦用に試作された左回転の「栄」二二型だ。手前は九七艦攻一二型、左遠方に零戦がならぶ。

視界は悪くなかった。

離陸後二〇分あまりがすぎた午前二時十分、月明かりのなかを黒々と飛ぶB-17一機を発見。爆弾が落ちるのを見た工藤上飛曹はただちに接敵し、後下方に占位すると重爆に二〇ミリ弾を撃ちこんだ。敵機は火を噴いて墜落。午前二時三十七分に撃墜を確認し、ここに夜間戦闘機による日本初の戦果が記録された。

ラバウルの基地一帯では、各航空隊の隊員や基地員たちが夜空をあおぎ、壮挙にわれを忘れていた。夜間来襲に打つ手もなく、悩まされ続けた難攻不落のB-17が、炎に包まれて落ちていく。「やったぞ!」「バンザイ」のさけび声、大歓声。基地にどよめきと興奮がうず巻いた。

工藤—菅原ペアは次の獲物を追い求める。午前三時八分にB-17一機を認めたけれども、距離が遠くて攻撃をかけられない。一二分後、ラバウル南東のココポ基地に投弾したB－17を見つけ、こんども探照灯の助けを借りずに肉眼だけで接近、捕捉し、三時二十六分に攻撃、同二十八分に撃墜と判断した。

三〇分後、探照灯の光芒に浮き出たB－17へ向かったが、これは取り逃がし、午前四時三十五分に東飛行場に着陸した。二時間四〇分ほどの飛行で、二〇ミリ弾一七八発、燃料七六〇リットルを消費しただけで、被弾すらなく、B－17二機を撃墜。出迎えた小野飛曹長には、大きな手柄を立てて地上に降り立った二人に、気負いがまったく感じられなかった。

斜め銃による初交戦、初撃墜を工藤上飛曹とともに記録した菅原典中尉。東飛行場で。

誰よりも留飲を下げたのは、小園司令だったに違いない。冷笑され、非難された斜め銃を、理論と行動で支えた浜野分隊長にとっても、会心の空戦だったはずだ。

撃墜されたB－17F二機は、米第5航空軍・第43爆撃航空群の所属機で、うち一機（第64爆撃飛行隊機）はニューブリテン島に墜落。搭乗クルーのうち一名だけが助かり、九ヵ月ちかく島内の現地人にかくまわれて潜《ひそ》んだのち、米軍に救助された。

## 「改装銃ノ威力顕著ナリ」

小園中佐の報告を受けて、二五一空の上部組織、第二十五航空戦隊司令部は、司令官・上野敬三少将名で南東方面の海軍のトップ組織である第十一航空艦隊／第一基地航空部隊司令部にあてて、戦闘速報を送った。

「二五一空二式陸偵（斜銃改装ノモノ）一機、〇二〇〇ヨリ〇四三〇迄R《マ》R《デラバウル》夜間上空警戒を実施。〇二三〇ヨリ〇四〇〇ノ間来襲セルB-17六機中二機ヲ無照射ニテ捕捉攻撃、各一撃ニテ発火、確実撃墜……我ニ被害ナシ」

「所見……初度ノ空戦ニ於《オイ》テ敵機ヲ撃墜セル成果ニ鑑《カンガ》ミ、改装銃ノ威力顕著ナリト認ム」

この機密電は十一航艦司令部だけでなく、連合艦隊司令長官、海軍省次官、軍令部次長、それに横須賀空司令や空技廠長にも通報された。したがって、斜め銃を否定した士官や技術士官の目にふれたから、少数ながら心ある者は自身の言動を恥じたに違いない。

ともかく、いかに難敵とはいえ、B-17を二機落としただけで、当日の早朝に戦闘詳報が発信されるのは異例な事態だ。二五一空と二十五航戦司令部の喜びようが想像できる。

戦闘詳報を追いかけるように、航空本部に対し二十五航戦司令官名で斜め銃装備に改造するための部品を七機分、至急に送るよう依頼の機密電報が打たれた。これら改装用部品の送付依頼は、生産型二式陸偵七機前部を夜間戦闘機化する腹づもりで、すでに五月十五日に打電してあったものだ。

同機密電は続いて「二式陸偵の性能ではソロモン戦線で偵察に使うのは無理」「改装夜戦は空対空のほか、対艦船攻撃と対地攻撃にも有効」「今後は改装ずみの斜め銃装備機を数多くほしい」との主張を述べている。初空戦での殊勲が背景にあるから、この程度の要求は当然で、文案は小園司令が考えた可能性が高い。彼は同時に、ラバウルの南東方面航空廠（この五月に第百八航空廠から昇格）に部品の現地製作を依頼して、一刻も早い夜間戦闘機の戦力拡充をはかった。

浜野中尉の記憶では、部品依頼の機密電を送信ののち、二式陸偵全機の夜戦化と航空便による必要部品の輸送を伝える旨の返電が入り、さらに「コレヲ月光ト命名ス」の追加電があったという。海軍が機名に固有名詞の使用を制定するのは二ヵ月後、夜間戦闘機「月光」の制式採用は三ヵ月後だが、時期に多少のずれはあっても、制式化の前に名称が内示されるのは不自然ではない。

小園中佐が思いついて推進し、浜野中尉が具体案を作り、そして永盛技術少佐が実機製作を支援して、そこにちょうどお蔵入りの十三試双戦（二式陸偵試作機）があった。さらに実戦に用いるのに好適な戦場があり、変身に適した二式陸偵が生産中だったのを考え合わせると、日本初の夜間戦闘機の誕生は、チャンスと偶然がたくみに重なって実現したと言えるだろう。

夜間戦闘機、略して夜戦が、双発多座戦から発達してできた点では、他の列強も同様だった。第一章の冒頭で述べた、長距離掩護戦闘機をめざして設計されたフランスのポテーズ630シリーズ、ドイツのメッサーシュミットＢｆ110、イギリスのブリストル「ボーファイター」は、いずれも夜戦に転向し、Ｂｆ110と「ボーファイター」は「月光」と同じく終戦まで作戦を続けた。

夜戦の相手は鈍重な爆撃機（鈍重だから夜に来襲するのだが）なので、さほど高速性能は要らず、機動力も並で足りる。地形を判別しがたい夜間に頼りにできるのは、地上からの無線指示と、星などの方向を測って位置を割り出す推測航法だから、操縦員のほかに航法や通信を受けもてる者が必要だ。また図体が大きな爆撃機は、小口径火器では容易に落とせない。大口径の自動火器を多く積める双発機は、この点でも有利である。

こうした理由から、当初の計画がまったくはずれ、昼間空戦では単発戦闘機の餌食にすぎなくなった双発多座戦が、夜戦への道に進んだのは当然の成りゆきだった。

## 丙戦を制定

昭和十八年初めまで、夜間戦闘機のカテゴリーを設けていなかった日本海軍は、四月のうちに戦闘機の種類を次のように改訂した。

▽陸上基地または空母から作戦し、敵戦闘機を撃墜する甲戦
▽陸上基地から作戦し、速力、上昇力、重武装で敵爆撃機を撃墜する乙戦
▽陸上基地から作戦し、夜間の局地防空と中距離哨戒にあたる丙戦

それまでの区分にくらべ、甲戦は艦上戦闘機から、乙戦は局地戦闘機から、それぞれ名称が変わっただけだが、かつての遠距離戦闘機に代わって、丙戦、すなわち夜間戦闘機が制定されている。十三試双戦が改造夜戦に変身したのと、一見、軌を一にするかに思える。

開戦前からドイツやイギリスが夜間戦闘機を使っているのは、海軍も知っていた。

ラバウルなどへのB－17の夜間来襲が報告されるたびに、夜戦があれば対抗しうる、とは感じていただろう。だが、夜間空襲を受けるのは外地の限られた地域だけで、その損害も顕著とまではいかなかったから、切迫感からは遠かった。それに、なによりも攻撃偏重の思想が、防衛機材の夜戦へ目を向けさせなかった。

この状態に変化をもたらしたのは、何通かの外電だった。米陸軍が本格的な対日爆撃の計画を進行中、との外電が十八年二月から三月にかけて入り、さらに「二月、ボーイング社の新型爆撃機がテスト飛行で墜落」と伝えてきた。機名はB－29であるという。

B－29試作機の墜落は、日本軍、とりわけ本土防空担当の陸軍に強いショックを与えた。試作機が飛んだのなら、遠からず量産機が出現する。いまだ確実な撃墜手段がないB－17よりも、B－29がいちだんと強力な爆撃機なのは間違いない。陸軍は十八年四月、B－29対策委員会を設置し、対抗法の研究を開始。同時に陸軍航空本部が、B－29の性能推算に取りかかった。

本土における海軍の担当地域は、鎮守府（所定の海域―海軍区―や陸上管区の警備、防衛、出動準備関係を担当し、所属部隊を監督、指揮する）が置かれた軍港や要港、航空基地、要地など関係施設がある地区だけで、その面積はせまい。

とはいえ、敵爆撃機の本土空襲のさいには、かならず目標候補にあげられる重要地なので、B－29出現の対抗手段を講じる必要は充分にあった。本土空襲には、昼間と夜間の両方の可能性が考えられたのは当然だ。新型重爆の登場に、南東方面での夜間空襲が加わって、海軍に夜間戦闘機／丙戦の制定をうながしたのだ。

小園中佐らの発案による改造夜戦の誕生が、丙戦の制定と同じ十八年の四月だが、両方の時期はあくまで偶然の一致にすぎない。うがった見方をすれば、五月の撃墜戦果を知って航空本部や軍令部があわて、さかのぼって丙戦制定を書類化した、とも考えられなくはない。なぜなら、丙戦を制定したところで、航空本部側には将来使えそうな機材は試作中のものすら存在しないからだ。飛行機が影すらないのに、機種だけを設けるのは、いかにも不自然である。

制定のあと（あるいは直前）、あわてて愛知航空機に発注した十八試丙戦「電光」（略記号S1A）は、高すぎる飛行性能、レーダー、遠隔操作銃塔など、実現不可能な要求をならべたため、試作機にも行きつかないで終わってしまう。

### 威力確定の連続撃墜

工藤上飛曹と菅原中尉のペアが初撃墜をはたした翌日の、五月二十二日に遠藤少尉

ラバウル西飛行場の近くに設置された第八十一警備隊の海軍探照灯。敵機の捕捉能力はなかなかだった。

—川崎二飛曹ペアが、二十三日には山野井誠上飛曹—市川通太郎《みちたろう》飛曹長ペアが、未明から払暁《ふつぎょう》にかけてのラバウルの空を哨戒したけれども、敵機はやってこなかった。

　二十三日の深夜から二十四日の未明にかけて、敵重爆一〇機ほどが侵入。二十四日未明の二時間を、林英夫上飛曹と山口英二二飛曹の乗る改造夜戦が哨戒していたけれども、敵の飛行コースから離れていたのと、探照灯が捕まえるつど、そちらへ向かって空域を移動したために、射程内に食いつく前に逃げられてしまった。林上飛曹の報告を受けた小園司令は「こんなことでは、いつまでたっても落とせんぞ」と批評し、以後は待機空域および攻撃空域を限定して、一ヵ所で待つ戦法をとった。

　可動一機だけの状態が続いていた改造夜戦は、五月二十五日の未明に初めて二機がいっしょに上空哨戒に上がった。このあと、六月上旬にかけて三座の二式陸偵の飛行

（すべて昼間）は減少し、なくなってしまう。これは、内地から部品が届き、かつ南東方面航空廠でも改修態勢が整って、二式陸偵が夜戦に変身するため航空廠入りした状態を示している。

さらに、六月一日付で二五一空・陸偵分隊の装備定数は、八機から一気に二四機（うち補用六機）へと三倍に増えた。この処置は言うまでもなく、陸偵分隊の夜戦分隊化を意味する。はっきり夜戦分隊と銘打てないのは、装備機の過半が二式陸偵なのと、改造夜戦の制式化がまだなされていないからだろう。

定数二四機だと分隊長が二人必要なので、飛行士を務める菅原中尉が昇格した。ちなみに五月末の陸偵分隊が装備していたのは一一機で、そのうち可動は一〇機。操縦員が夜間をこなせる二人をふくめて一一名、偵察員の数は不詳である。

二五一空・陸偵分隊が夜間戦闘機にそっくり移行しても、十一航艦司令部は困らなかった。偵察専門の部隊ができていたからで、これについては次章で述べる。

二回目の夜間交戦の機会が訪れたのは六月十日。十日にうつるころの真夜中に、ポートモレスビーの課報員から敵重爆出撃の情報がもたらされた。B－17の巡航速力で、モレスビーからラバウルまで三時間ほどかかる。余裕をみて、午前二時十分に改造夜戦一機が東飛行場を離陸した。搭乗員は操縦が小野飛曹長、偵察が浜野中尉。キャリアからはこれ以上は望めない、超ベテランコンビだ。

東飛行場の西側、海岸線の上空で待ち受けた浜野ペアは午前三時二分、基地上空を西へ飛ぶB－17を、探照灯の光芒の中に認めた。投弾を終えた敵の高度は一八〇〇メートル。動揺やあせりとは無縁の小野飛曹長は、じりじり上昇して四〇〇メートルの高度差を埋め、後下方、絶好の射距離に位置する。この間、二分。

探照灯が消えた直後の三時四分、飛曹長は夜光塗料を塗った針金製の照準器に、重爆の左主翼の付け根を合わせた。操縦桿についた発射ボタンを押す。軽い振動とともに、二条の曳跟《えいこん》弾流がほとばしる。トタン屋根のように覆いかぶさってきた巨大な敵機に、火花を散らしてめりこむ二〇ミリ弾。

重爆の左翼付け根が浮き出た。火を噴いたのだ。合計一一〇発、小きざみに連射を浴びて炎の尾を引きつつ、B－17はしだいに高度を下げ始める。敵機の爆発に巻きこまれないよう位置を変えた浜野機は、高度八〇〇メートルまで追随し、その後に敵影を見失った。後続機を襲うため、ただちに哨区へ引き返す。

午前三時三十八分、二機目の敵を光芒の中に見つけた。接近して好位置につけ、探照灯が消えるのを待つ。火は消えても、晴天の月明かりで敵影は見わけられる。同航戦に入って一連射、二〇発を撃ちこむと右翼から火が流れたが、たちまち消えてしまった。B－17は機首を上げて、離脱していった。
小野—浜野ペアはさらに一時間ほど哨戒を続けたのち、午前五時ごろ東飛行場に降着。戦闘状況を報告すると、交戦状況から初めに攻撃した敵を撃墜、二機目を不確実撃墜と、戦果が判定された。使用弾数は上方銃二梃を合わせて一三〇発。一〇〇発入り弾倉はバネの劣化や、誤装塡を防ぐため九〇発装備なので、まだ五〇発の残弾があった。

十三試双戦あるいは二式陸偵の改造夜戦が、整備員の誘導を受けて敷きつめた舗装用の鉄板の上を走行する。

後刻、ポートモレスビーの諜報員が送ってきた報告で、浜野機があげた戦果は確実撃墜二機に改訂された。帰還した重爆の数が二機少なかったからだ。
一回だけの殊勲なら、まぐれ当たりと言われるかも知れないが、僥倖《ぎようこう》だったら二度は続かない。工藤—菅原ペアに続く小野飛曹長と浜野中尉の戦いは、斜め銃の威力を確定した点でも大きな意味をもっていた。

## 重爆の墜落あいつぐ

改造夜戦の戦果は続いた。

小野—浜野ペア交戦の翌六月十一日、午前二時すぎに発進した工藤上飛曹—菅原中尉機は、一時間半あまり上空待機ののち、探照灯に捕まったB－17を高度一五〇〇メートルに見つけ、後下方に忍び寄って連射を加えた。発火や急機動は確認できなかったけれども、九〇発以上の二〇ミリ弾を放ち、そのうちのかなりな弾丸が命中したとの判断により、確実撃墜に決まった。

さらに十三日の午前二時十四分、工藤—菅原ペアは左側方、光芒《こうぼう》内のB－17に接近し、距離四〇〇メートルから攻撃を開始、八〇発を撃ちこんで火を吐かせた。敵機は丘陵地帯に落ち、ぶつかって炎の塊《かたまり》と化した。完全な撃墜である。

このように、成果を得た空戦だけを列記すると、敵機を見つけさえすれば、まず撃墜できそうな感じを受けるが、実情はまったく違う。改造夜戦とB－17E／Fの速度はほぼ同じなので、接敵角度をうまくもっていかないと逃げられてしまう。夜の視界は昼間よりも比較にならないほど劣るから、いったん取り逃がすと、運よく探照灯に引っかからないかぎり、再捕足は絶望的と言えよう。

事実、十三日の菅原ペアは一機を落としたあと、探照灯がとらえた敵機をなんども

B-17に続いてラバウル上空に進入したコンソリデイテッドB-24D「リベレイター」。速度、機動力ともにB-17を上まわり、安定性はやや劣った。

視認し、そのつど接敵を試みたけれども夜の帳《とばり》の中へ消え去られ、見送らざるを得なかった。

六月十五日は小野―浜野ペアの番だった。午前零時三十分に離陸し一時間ちかく哨戒したあと、照射を浴びた四発重爆が目に入った。これまでに交戦していない、双垂直尾翼で飛行艇を思わせるようなスタイルのコンソリデイテッドB-24D「リベレーター」である。

探照灯が消えると小野飛曹長は月を背に受けて待ち、敵機との高度差一〇〇メートルで右から後下方にもぐりこんで、「胴体に手が届く感じ」にまで接近。上方銃からの長めの二連射で放った計八〇発ほどは、全弾が命中し、B-24はまるで宙返りにかかるかのように急に機首を大きく上げた。戦闘機がよく見せる失速反転にも似た動きだった。

B–24はそのまま姿を消してしまったが、撃墜は確実と思われた。急に大きな機動に入ると回復不能や空中分解を招きかねない大型機には、まったく異例な動きであり、おそらく弾丸がパイロットに当たったか、操縦系統を破壊したに違いない。

一〇分後の午前一時四十五分にも、似たかたちで浜野機の攻撃を受けた二機目のB–24は、激しい機動ののち見えなくなり、撃墜確実と判断された。監視哨やポートモレスビーからの報告でも、敵の帰還機は出撃時よりも二機少なく、戦果の裏付けがとれた。

夜間哨戒を受けもつ改造夜戦は、一機または二機で未明を中心に飛んだ。機数が少ないのは、改装に手間どって、出せるのが二機しかない（六月下旬にようやく三機可動）ためだが、仮に機材にゆとりがあっても、味方同士の空中衝突や誤射の恐れがあって、多数機をせまい空域に送り出せない。ラバウル上空では、二機が上がるときには哨区を両端に定めている。

六月十九日はめずらしく、未明と夜の二回の空戦があった。

午前二時すぎからの哨区には、小野飛曹長―浜野中尉ペアと林上飛曹―市川飛曹長ペアの二機が出動。離陸後一五分ほどで浜野機はB－17を発見し、近づいて二〇ミリ弾八〇発を放つと、右翼の付け根あたりに火が走った。だが、高角砲部隊との連携がまずく、光芒内の敵機をねらって周辺で七・五センチ砲弾の炸裂があいついだため、味方撃ちを食わないよう離脱し、致命傷を与えられなかった。まもなくもう一機のB－17を認め、二撃を加えたところで全弾を撃ちつくして、敵機から離れた。

林—市川機の方は、ほぼ同じ二時間の上空哨戒についたけれども、接敵の機会なく帰投している。

工藤—菅原ペアが発進したのは、その日の午後七時すぎ。一時間近くのち、ココポ付近、高度五〇〇メートルの低空を航空灯（翼端灯と尾灯）を点《つ》けて飛ぶ双発機がいた。敵か味方かを識別しようと追いかけていると、突然に射撃を加えられ、不明機はそのまま雲の中に消えた。このとき菅原機に弾丸が当たったのが、改造夜戦にとって初めての被弾で、隊内での修理が可能な軽傷ですんだ。

不明機は敵だった可能性が強い。灯火を光らせながら日本軍基地をかすめるように飛ぶのは、仲間の機との空中衝突を避けるための措置で、まだ日本側の夜間戦闘機の存在を知らなかったからだ。

## さきを読んだ戦闘所見

工藤上飛曹は六月二十六日の午前二時まえ、市川飛曹長と初めてペアを組んで夜間哨戒に上がった。単機出動なので哨戒空域を広くとった市川機は、ラバウル市街南方、陸攻隊が使う西飛行場の上空に来た。やがて夜空にまっ黒な影が見えた。大きな垂直尾翼。なんども交戦してきたB-17である。

二、三分のうちに改造夜戦はB-17の後下方につき、連射を加えると、あざやかな炎があふれ出た。敵機のまわりが明るく変わるほどだ。後席で眼前の獲物の最期を見とどける市川飛曹長の目に、敵クルーの一人が跳び降りる姿が映った。敵機発見が二時十二分、火を噴かせたのが十八分、撃墜が二十分というスムーズな攻撃経過だ。

一機目撃墜から三〇分ほどたって、同じ空域にもう一機B-17を見つけ、今度はもっと速いテンポで五分間で撃墜した。さらに一時間後、ホームベースの東飛行場の上空に、重爆の機影を認めたが、距離が遠く、追いかけるうちに雲中に逃げられた。

ポートモレスビー飛行場群の一つ、市街の北東にある最大のジャクソン飛行場から、第43爆撃航空群のB-17三機とB-24一機が離陸した。一機ずつ夜のラバウル上空に侵入し、神経戦の点滴爆撃を加えるのが目的だった。

機首に「お行儀悪いけど素敵《ノーティ・バット・ナイス》」の文字を書いたB-17Fが目標に近づいたとき、突然閃光《せんこう》が走り、爆発が起こった。航法士（日本海軍の偵察員と同じ）のジョーズ（ホセ）・L・ホルギン少尉は、わけが分からないまま機外へ身をおどらせ、落下傘降下で降りて日本軍に捕まった。彼以外のクルー九名のうち五名は機内で戦死、あと四名のゆくえは不明である。

市川飛曹長が見た機外脱出者はこのホルギン少尉で、彼らはラバウルの夜戦の存在をまったく知らず、避退の機動をいっさい取らなかった。市川機にとって斜め銃による攻撃は、据《す》え物斬《ものぎ》りに近いかたちだったのだ。

四日後の六月三十日にも、工藤上飛曹は菅原中尉と組んで、光芒内のB‐17に迫り、二〇〇メートルの距離で二〇ミリ弾六〇発を撃ちこみ撃墜した。敵機が火を噴きつつ山中に落ち、爆発するまで見とどけての確実撃墜である。

このころの米第5航空軍は、三個航空群の重爆戦力を持っていた。一個航空群は四個飛行隊で編成され、一個飛行隊の装備定数は一〇機前後だから、充足すれば一二〇機がそろう。そのうち第43爆撃航空群がB‐17E、Fを主力にし、第90および第380爆撃航空群はB‐24Dだけを使っていた。したがって、六月末までにラバウルの夜空で交戦したB‐17は、すべて第43爆撃航空群の所属機だ。夜間来襲にB‐17が多用されたのは、その安定性のよさを買われたためだろう。

だがB-24はより航続力が大きく、より高速である。同航空群も五月から機種改変を進めており、やがて九月にはこれが完了。ラバウル上空で二五一空夜戦隊が相手にする四発重爆は、第13航空軍機をふくみ、B-24だけに変わる。

二五一空陸偵分隊の数日おきの撃墜戦果を受けて、第二十五航空戦隊司令部から軍令部あてに出された戦闘詳報の内容は興味ぶかい。まず「功績」の項には最大級の賛辞が記されている。「……五月二十一日より夜間来襲せる的大型機に敢然挑戦して絶大なる戦果を収め、帝国海軍航空史上、前例なき夜間空戦法の一様式を確立せる功績は抜群なり」

続いて「戦訓所見」の項。要旨を示す。

▽今後、主要基地への夜間来襲の激化が予想されるので、二式陸偵改造夜戦を増強されたい。

▽現在、敵機が来襲しがちな空域を数ヵ所さだめ、可動機数と敵情に応じて夜戦を配備している。待機空域の変更は地上から無線で連絡する。

▽戦法は後下方からの銃撃。月夜なら照明なしで捕捉可能な場合もあるが、たいていは探照灯の協力を得て接敵・捕捉する。

▽敵機を捕捉できれば、撃墜はほぼ確実である。すなわち戦果の有無は、射撃位置に

昼間は出動しないから、夜戦搭乗員にとっては骨休めの時間だ。拳銃射撃競技を終えたあとでの准士官以上の記念撮影は遺影の用意を兼ねていた。座るのは左から先任分隊長・浜野中尉、分隊長・菅原中尉。後ろに立つのは左から遠藤幸男少尉（操）、春木松雄（偵）、小野、金子達雄、市川通太郎（偵）、澤田各飛曹長。18年7月1日の撮影。

占位できるかにかかっている。
▽当面、探照灯との協力態勢の緊密化が大切だが、夜戦に電波探信儀（レーダー）を装備し、探照灯がなくても捕捉可能にすれば戦果はきわめて大きいはず。至急、実用化を進めてほしい。
▽搭載の二〇ミリ弾は重爆二機撃墜分しかないので、弾数の増加が望まれる。

現状と要望が過不足なく、適切に表現されている。とりわけ電探装備は、ズバリと核心をついた要望だ。ヨーロッパではようやく夜空の電波戦が本格化しつつあり、ドイツ空軍の夜間戦闘機に機載レーダーが普及し始めたころである。「戦訓所見」の文案は、二十五航戦司令部がひねり出したとは考えられず、内容から受け取れる積極性とねらいのよささから、小園司令以下の二五一空スタッフによる作成に違いない。

六月末までの撃墜数は、不確実の一機をふくめて一一機。誤認が出やすい昼間の対戦闘機戦闘と違って、たいていが報告どおりだったと思われる。この消耗が影響したのか、米第5航空軍はラバウルへの夜間空襲を一時的に手びかえた。見得《みえ》を切って「戦訓所見」をしたためるだけの、充分な確信があったのだ。

## 武運に富んだ工藤上飛曹

昭和十八年なかばのラバウルの夜空は、工藤上飛曹―菅原中尉、小野飛曹長―浜野中尉の二個ペア・四名のためにあった、とすら言えるだろう。とりわけ工藤上飛曹は、市川飛曹長とペアを組んだ六月三十日の分を加えて、仕留めたB‐17は七機を数え、そのきわだった戦果に対し八月に、十一航艦司令長官・草加任一中将から武功抜群を賞する軍刀を贈られた。

二五一空の主力である零戦隊のエースだった西沢広義上飛曹は、軍刀を持った工藤上飛曹を見送りつつ、「俺は何機落としたらもらえるのかい」とつぶやいたそうだ。

確かに、増強一途の米航空兵力に、死力をつくして立ち向かっているのは零戦隊に違いなく、そのなかでもトップクラスの活躍ぶりを示す西沢上飛曹の口から「不公平」の不満がもれても当たり前だろう。両軍がしのぎを削る昼間の航空消耗戦からすれば、重爆の散発的な夜間空襲ははるかに規模が小さい。

しかし、零戦隊も夜のB-17には手を出せなかった。それを、四〇日間に七機も落とした工藤上飛曹の戦果が、激烈ではあっても日常的な零戦隊の戦闘にくらべて、ひときわあざやかに映るのはやむをえない。ついでに述べれば、十一航艦司令部が戦力のかなめの零戦隊を重要視しないはずがなく、西沢上飛曹もこのあと武功抜群の軍刀を草加長官からもらうのだ。

　工藤上飛曹はまれに見る武運を授かっていた。敵が

草加司令長官から拝領した白鞘の軍刀を持つ工藤上飛曹。小園部隊指揮所前で。

斜め銃の存在を知らないこの時期、うまく占位できさえすれば夜間撃墜は比較的に容易とはいえ、そこまで機をもっていくのが大変だ。乙飛予科練四期出身の老練な市川飛曹長ならともかく、飛行学生を終えてまだ三〜四ヵ月の菅原中尉が、後席からきわだった誘導指示を与えたとは考えにくい。上飛曹が前年もラバウルで飛んで戦地なれしているから、と述べるのにも、いささか無理がある。まず敵機が現われ、つぎに射撃位置につきうるコースを飛んでくれなければ、始まらないからだ。

工藤—菅原ペアにも空振りに終わった夜がいく晩もあるが、いっしょに上がった他のペアに戦果をとられたケースは一度もない。第二の殊勲者・小野—浜野ペアも、工藤—菅原ペアとともに出た六月十三日には敵を見つけずに終わり、菅原機だけが撃墜を果たした。あたかも敵機を吸い寄せるような強運が、工藤上飛曹にあったとしか思えない。

小園中佐、浜野大尉、永盛技術少佐に続く功績者、夜戦揺籃《ようらん》期の立役者が、まさしく彼だったのだ。

**舞台はバラレ島へ**

六月末までにスポットライトを浴びたのは、工藤—菅原／市川ペアと小野—浜野ペアだけだったが、もちろんほかにも四～五名の搭乗員が夜間哨戒に上がっている。また、そのほかの搭乗員の夜間作戦飛行を可能にするための、計器飛行や偵察、航法訓練、占位・射撃訓練などが昼間に進められ、その指揮を金子龍雄飛曹長がとった。二期乙飛予科練出身のベテラン偵察員だった金子飛曹長は、肺浸潤《はいしんじゅん》が完治しておらず、比較的疲労が少ない錬成飛行を担当したわけだ。彼の努力は、戦場がラバウルから移ったのちに実を結ぶ。

ソロモン諸島とニューギニア全域の制圧をめざす米軍は、南部ソロモンのガダルカナル島、ルッセル島を足場に六月末、中部ソロモンのレンドバ島に上陸を開始。二五一空主力をふくむ零戦隊は、北部ソロモン・ブーゲンビル島南端のブイン基地に集《つど》って、南部ソロモンへの進攻と北部ソロモンの防空にはげんだ。

ソロモン航空戦で対戦する米軍は、陸軍第13航空軍と海兵隊航空部隊。どちらも前年八月、占領まもないガダルカナルの飛行場に進出し、戦い抜いてきた組織（第13航空軍は既存の兵力を一九四三年一月に拡大、再編成）だけに、少しも油断できない手ごわい相手だ。海兵隊もPB4Y－1（B－24Dの海軍型）を持っていたが、重爆の主力は第13航空軍の二個航空群・合計八個飛行隊で、一個航空群はB－24装備、他方の一個航空群はB－17からB－24への機種改変にかかるところだった。

これらの四発重爆は、しばしば夜のブイン基地を爆撃にやってくる。そこで二五一空の改造夜戦は、ラバウルへの夜間空襲がとぎれたのを機会に、ブインの夜間防空のため、七月上旬にブインのすぐ南東の小さな島バラレに前進した。とりあえずバラレ

上：米第13航空軍の爆撃を受けるバラレ島。左下のスケール表示の4000フィートは1220メートル。中央の明るい部分が滑走路だ。19年初めの撮影で、進出時には被爆がまだ少なかった。下：バラレ島の小園部隊本部。士官舎を兼ねた。

島行きに指定されたのは、夜戦が二機、搭乗員は夜間の作戦飛行ができる五個ペア・一〇名ほどだったようだ。

改造夜戦が不在のあいだのラバウル夜間防空は、五月中旬から六月下旬にかけて南飛行場（ココポ）に進出した陸軍の飛行第十三戦隊が、受けもつ手はずだった。しかし、東部ニューギニアに専念する陸軍の方針により、七月上旬のうちにラバウルを離れた。

この十三戦隊員と、上部組織の第六飛行師団司令部（主力は東部ニューギニア）の残留部員が、五月下旬から六月末までの二五一空改造夜戦の活躍を、見聞したのは確実である。

海軍と陸軍が犬猿の仲といっても、それは上層部についてであり、同じ戦地で苦労している友軍だから、斜め銃の存在をことさらに隠すとは考えがたい。また、斜め銃の原理はごく単純だから、たとえ実物を見なくても話を聞けばピンとくる。そのうえ十三戦隊の装備機は、本来の開発目的（双発多座の長距離掩護戦闘機）が改造夜戦と同一の二式複座戦闘機（「屠龍」）なので、導入にも好都合だし、より実際的に感じられる。

第六師団司令部あるいはそのラバウル残留部員から、斜め銃の存在と驚異的戦果が、

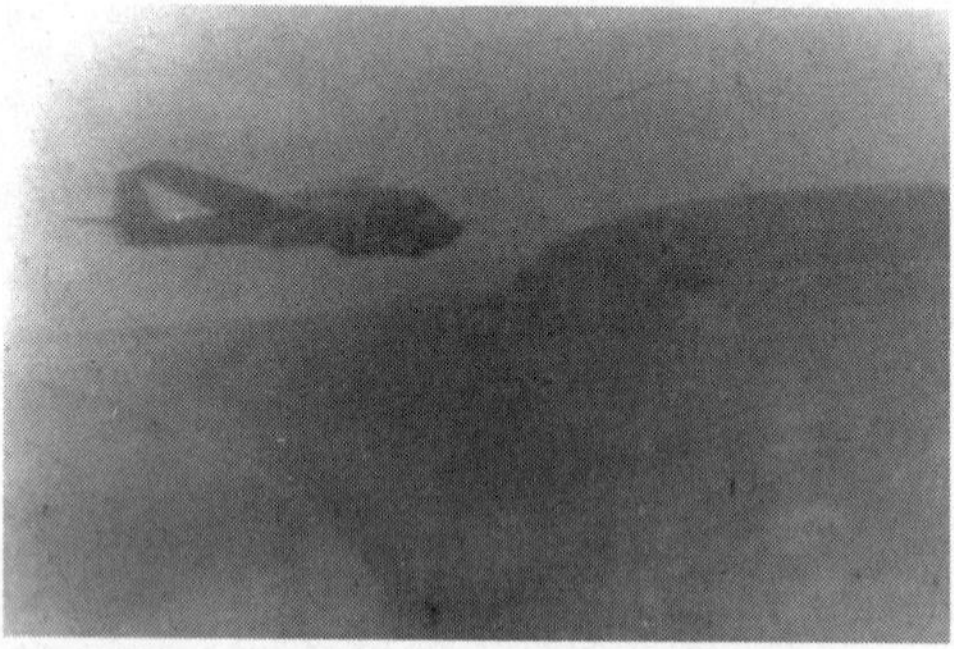

18年の夏、ラバウルからバラレ島へ向かう改造夜戦あるいは「月光」一一型。印画の変色で薄暮飛行を思わせる画像だ。

ただちに東京の陸軍航空本部へ伝えられたと見るべきだろう。陸軍航空本部はすみやかに検討を進めたようで、十八年末に一二・七ミリ機関砲を、十九年春には二〇ミリ機関砲を傾斜固定装備した二式複戦が、実戦部隊に配備される。陸軍はこの特殊兵装を「上向《うわむ》き砲」と呼び、海軍同様に夜間邀撃の主力兵器とみなすのだ。

## 新たな勝ち名乗り

バラレ島に移った改造夜戦は、担当区域面での便宜上、第二十六航空戦隊（第六空襲部隊）司令部の指揮下に入り、七月六日から一～二機によるブイン基地周辺の上空哨戒と、単機での中部ソロモン海域への艦艇攻撃を開始。翌七日、バラレからの作戦飛行で初戦果を報じたのも、やはり工藤上飛曹─菅原中尉のペアだった。それも、これまた初の下方銃を使っての撃墜である。

午後五時四十五分、夕やみに排気炎を見つけて接近すると、相手は四発重爆ではなくて双発のロッキード「ハドソン」爆撃機（米陸軍B－34。ほぼ同型の米海兵隊またはニュージーランド空軍PV－1「ベンチュラ」か）。追いかけてブインの南、ショートランド島の西海岸を眼下に、後上方から二撃・三〇発を放って火を噴かせたが、まもなく消え、さらに追ううちにスコールの中に逃げこまれた。戦闘状況から、この敵機は撃墜確実と判定された。このあと、ほかに敵機をなんども見つけ、いずれも捕捉しきれなかった。

増槽を装備してガダルカナル島から長距離出動するロッキード・ベガB－34「ベンチュラ」爆撃機。

　一週間後の七月十三日、夜間上空哨戒に出た山野井《やまのい》誠上飛曹―澤田信夫飛曹長のペアは、改造夜戦の搭乗員にとって初経験の状況を視認した。二〇分間に大型機二機を攻撃し、有効弾を与えられず逃げられたのはともかく、二回とも敵銃座から反撃を受けたのだ。

　これまでの交戦では、占位後に敵機の銃座か

米軍のバラレへの偵察と爆撃から逃れるため擬装網をかぶせた改造夜戦／「月光」一一型と澤田飛曹長。

ら撃たれた例は一度もない。いきなり射弾を浴びるばかりだった相手が、今回抵抗を示したのは、偶然に澤田機を見つけたのでなければ、米軍が日本軍の夜間戦闘機の存在を知ったための対応と考えられよう。あるいは斜め銃そのものにも、おぼろげながら気づいたかもしれない。被弾して帰った機を調べたのか、後下方から撃ち出される曳跟弾を別の機が見ていたのか。いずれにせよ、機銃の取り付け角を変えただけの兵装なので、常用していれば敵に察知されるのは時間の問題だった。

しかし、仮に斜め銃の存在を知ったとしても、翼端灯を消して忍びよる改造夜戦を防ぐ特効薬はない。米重爆にできるのは、見張を厳しくして銃塔、銃座を臨戦態勢にしておくか、夜戦に食いつかれたと思ったら降下や旋回でねらいをはずし、全速で離脱する受け身の対応ぐらいだ。米陸軍はＳＣＲ－540レーダー（英空軍のⅣ型空中邀撃レーダーと同じ）装備のダグラスP－70夜戦（A－20双発攻撃機を改造）の分遣隊を、ガダルカナル島と東部ニューギニアに置いていたが、重爆の掩護に付けて日本軍夜戦を襲わせるまでには運用が進んでいなかった。

バラレ島に進出して二週間ちかくたった七月十七日の未明、バラレのすぐ西のショートランド島上空付近で、山野井上飛曹—澤田飛曹長機は探照灯に捕まったB－24を、反航から回りこんで捕捉。敵防御機銃の弾流をかいくぐって攻撃すると、炎が出始めた。澤田飛曹長は山野井上飛曹に命じて、すぐに側方へ避退させる。

まもなく火勢が激しさを増し、B－24は墜落した。ところが、飛曹長が基地へ戦果を報告する前に、彼の受聴器（レシーバー）に一機撃墜を示す「ツイイチ（墜一）」の打電が入ってきた。火を噴いて落ちたB－24は一機だけ。

発信したのは、ブイン基地上空が哨区の大沼正雄上飛曹機だ。操縦の岡戸茂二飛曹はB－24を追って澤田機の哨区に入り、入れ違いに同一の敵を撃ったのである。時間がわずかにずれていれば、澤田機と大沼機は衝突し、四名とも戦死するところだった。

その後、山野井—澤田ペアはショートランドの南でB－24を捕捉。十数発の命中弾を受けて発火した敵機が雲中に隠れ去ったため、不確実撃墜と記録された。岡戸—大沼ペアも別のB－24に取りつき、三連射を加えて炎を吐かせ、墜落から空中爆発する

第431爆撃飛行隊のB-17E「トウキョウ・タクシー」。7月19日、山内―岩山機に撃墜された。

までを見とどけた。

工藤―菅原／市川ペアと小野―浜野ペアに限られていた撃墜戦果が、初めて他のペアの手であげられたのだ。この日を境に、新たなペアの勝ち名乗りが続く。

ブインへ投弾をすませた第5爆撃航空群のB-17を、七月十九日の未明に北へ追いかけた山内巌二飛曹―岩山孝上飛曹が三撃で火をつけ洋上へ撃墜した。相手は、第13航空軍の第11爆撃航空群・第431爆撃飛行隊九機のうち、レックス・A・エックレス中尉機B-17E。ガダルカナル島から爆撃に来て、目標のブイン基地の北方十数キロで機影を没した。原因は日本戦闘機の攻撃、と所属部隊で判定されている。

それまでの空戦ではB-17、B-24ともに、一機を二〇ミリ弾六〇～八〇発で落としている。だが、岩山機の戦闘では二六〇発を消費した。上方銃も下方銃も二梃で一八〇発だから、両方を使ったわけで、B-17の上にかぶさり下にもぐっての、激しい追撃だったと知れる。また、一撃（一連射）平均が八〇〜九〇発と多いのは、山内二飛曹のキャリアが浅く接敵が不充分だったからだろう。

斜め銃に使われた弾丸は、曳跟弾、徹甲弾、通常弾、焼夷弾のポピュラーな四種で、通常弾は徹甲弾と焼夷弾の昼間の性質をもつ。弾道確認用の曳跟弾は、初めは昼間用の輝度が高いものを用いたが、夜間には明るすぎて目が幻惑される傾向があったため、輝度を落とした弾丸が作られ主用されたという。

米陸軍にとっては第5航空軍にしろ第13航空軍にしろ、太平洋戦線ではヨーロッパと違って大航続力が必要なので、B-17からB-24への改編が進んでいた。南東方面でのB-17との交戦は、この十八年七月あたりが最終ステージだった。

十九日の午後十時に降りてきた山野井―澤田ペアと交代して、四〇分後に徳本正二飛曹―春木松雄飛曹長ペアがバラレ基地を発進。ややたって敵機の侵入が始まった。まずB-24を捕らえて三連射で仕留める。

翌二十日に入って一五分後、B-17を認め、同じく三連射で葬り去った。改造夜戦にとり、二五一空の戦闘記録上でB-17に対する一一機目、そして最後の撃墜だ。

敵射手も春木機を見つけて応戦し、両エンジンと胴体に命中弾を与えていた。エン

バラレ島に進出した夜戦搭乗員たち。立つのは左から大沼正雄上飛曹（偵）、工藤上飛曹、徳本正二飛曹（操）、菅原中尉。手前右は保科強兵上飛曹（偵）。

ジンのダメージが大きく、飛行不能におちいったため、徳本二飛曹は海面に不時着水を敢行。敵弾を受けて機上戦死していた春木飛曹長を乗せたまま、改造夜戦はまっ暗な海中に沈んでいった。Ｊ１Ｎシリーズを通じて夜間戦闘における初の戦死者であり、初の喪失機だった。

「敵ヲ見ズ」の夜が続いたのち七月二十七日、林上飛曹―市川飛曹長ペアがバラレを離陸したのが午前零時三十分。三時間近く飛んだ三時十九分、ブイン基地に爆煙が上がった。二〇分ほど索敵していると、ガダルカナル島の方向から四〇〇〇メートルあたりの高度を飛んでくる四発機を、探照灯が照射した。敵重爆は爆撃進路に入るため、ガダルカナル方向へ向きなおる。

市川機は側方から、先頭の機をめざして接近していく。敵は間隔を広くとって、ごくゆるい編隊を組んでいるようだ。光芒に照らされて、爆弾が落ちるのが見えた。飛曹長の適切で短い指示を耳に、林上飛曹はなおも機を近づける。二ヵ月前、複数の敵をつぎつぎに追って取り逃がした二の舞を演じないよう、目標機のやや前方をにらみながら。

離脱する四発機を追いきれなくなった探照灯は、まもなく消えた。敵機は危険空域を脱したと思ったのか、消していた翼灯をともした。このとき、夜間戦闘機は敵の下方に張りついた。燃料タンクがあり、巨大な主翼を支える付け根部をねらう。翼が視界をふさぎ、一〇センチ単位で弾道を修正できる感じだ。針金の照準器など、もはや必要ない。じゃまになるので撥《は》ね上げた。

上飛曹が小きざみに弾丸を撃ちこむと四発機に火がつき、炎はみるみる大きく膨《ふく》らんで機体を包んだ。速度が落ち夜戦にのしかかってくる敵機を、左によけてまもなく、爆発が起きた。文句なしの確実撃墜である。

すぐに二番機の後下方にもぐりこむ。先頭機の爆発で、付近に夜戦がいると気づいた敵は、後方へ向けて機銃を撃ち始めた。だが市川機は占位したあとなので、敵弾は上空をすどおりしていく。林上飛曹が放った二〇ミリ弾は四発機の右翼根を突き破った。徹甲弾が食いこみ、通常弾が炸裂し、焼夷弾が火をつける。探照灯の照射圏外なので詳細は視認できないが、発火と巨体が右傾するのは分かった。敵との距離が開いて、墜落しつつあるように見てとれた。

接敵のアングルから、初めに認めたときにB-24と思った市川ペアだったが、実はどちらも第13航空軍のB-17Eで、ブインをねらって来襲した。一機目は第11爆撃航

上：7月27日、林一市川機の1機目の相手、第26爆撃飛行隊のB-17E「デ・アイサー（除氷装置）」。下：同日の2機目、第23爆撃飛行隊のB-17E「ジャップ・ハッピー」。実際は撃破だった。

空群・第26爆撃飛行隊の所属機、二機目が第5爆撃航空群・第23爆撃飛行隊機。前者は火に包まれて落ちていくのを、後者のクルーが確認している。後者の通信員と射撃手が被弾により負傷したが、この機はガダルカナルに帰還できた。

ソロモンでぶつかる四発重爆はすべて敵機だから、市川ペアがB－17をB－24と報告しても問題ではない。また、戦果の誤認は、生じるのがむしろ当然と言いうる。とりわけ機長の飛曹長は一ヵ月前に、工藤上飛曹とのペアでB－17を落としており、そのときと違った機影に思えてB－24と判断したのだ。この点、米側の公式資料と当事者（搭乗クルー）の証言により、一機撃墜および一機撃破が確実であるのは、奮戦敢闘の好例と見なして差しつかえないだろう。

もちろん記録上は「B－24二機撃墜」である。海軍の功績調査部・航空班から、評点Aを単機行動で与えられたのは見事だった。

**魚雷艇狩り**

バラレ島に進出した二五一空の改造夜戦は、本務のブイン基地夜間防空のほかに、さまざまな二義的任務をこなさねばならなかった。昭和十八年六月に米軍のレンドバ島上陸で始まった、中部ソロモンの攻防戦にまきこまれたからだ。

時速70キロで高速航行する米海軍の魚雷艇PT−337。エルコ社で作られ、全長22.4メートルの艇体に、13型魚雷4本のほか、20ミリ機関砲2門、12.7ミリ機関銃4梃を備えて、対空攻撃力も小さくなかった。

二義的任務の内容は、輸送船艇、魚雷艇、水上基地や陸上基地への夜襲、夜間索敵、それに日本軍輸送艦船の掩護である。多岐にわたる〝副業〟担当の原因には、わずか二〜三機の夜間戦闘機にすら目いっぱいの任務を課さざるを得ない、海軍航空兵力の手不足もあったけれども、むしろ改造夜戦の夜間行動力と「夜間攻撃」に適した性能および兵装が注目されたためと言えよう。

艦船に対する夜間索敵攻撃の開始は七月七日。翌八日、レンドバ島付近で「海虎《かいとら》」（海上トラックの略称）と呼ばれた輸送用の小型艦艇をさがした遠藤少尉—大沼上飛曹機が、同島の水上基地を、六番（六〇キロ）爆弾（発数不詳）と下方銃の全弾一八〇発で銃爆撃。海虎および商船二隻ずつと機銃陣地に、有効弾を与えて帰投した。十二日には工藤上飛曹―菅原中尉機が、海虎を追いまわして二隻に二〇ミリ弾を浴びせ、三日後の夜にも駆逐艦らしい敵を銃撃してもどってきた。

優勢な米軍の目をかすめるように、日本軍の中部ソロモンへの人員・物資は、夜陰に乗じて輸送された。これら輸送艦船の強敵は、レンドバ島～コロンバンガラ島～ギゾ島の周辺にひそむ魚雷艇である。闇にまぎれ高速を利して跳梁《ちょうりょう》する魚雷艇の制圧が、二五一空の夜戦に下令された。

七月二十九日から八月三日まで、六夜にわたって夜戦を一機ずつ魚雷艇狩りに出した。敵が高速航行時には航跡《ウエーキ》で見つけられても、低速時や停止時だと夜目に点のような小艇の視認は、飛行中の機上からは困難至極だ。「敵ヲ見ズ」「天候不良、引キ返ス」などで、ついに一度も成功しなかった。そのかわり、六回のうち三回、副目標にしたレンドバ島の敵陣地に攻撃をかけた。二〇ミリ下方銃二梃と六番爆弾の併用による銃爆撃である。

もともとが戦闘機の改造夜戦は、機体強度も運動性もそれなりにあるから、移動する小目標や小規模な地上施設に、緩降下で比較的正確な爆撃が可能だ。もちろん艦上爆撃機のように急降下での高精度な投弾はできず、専用の爆撃照準器もないけれども、一式陸攻や水上偵察機よりはピンポイント攻撃に適している。六番二発でも相手によっては致命傷を与えうるのだ。

対艦・対地攻撃時のいま一つの利点は、言うまでもなく下向きの斜め銃である。目標上空を水平に飛びつつ撃ち流していけば、ほぼ確実に有効弾を得られ、危険な夜間低高度での降下・上昇をしなくてすむ。二〇ミリ機銃二梃の破壊力は、人員はもとより、小艦艇や車輛、軽装施設に対して充分な脅威を与えられる。

やや話がそれるが、ここまで二五一空の夜間戦闘機を単に「改造夜戦」と記してきた。二式陸偵試作機（十三試双戦）を改造して作った最初の三機にこの名称をあてて以来、分かりやすさのため一貫して用いてきたのだが、より内容に即するなら、そのあとの二式陸偵生産型からの改修機は「改装夜戦」程度の表現が適切だろう。さらに「改装夜戦」を当面必要な何機かだけ作ったあとは、二式陸偵完成機の改修ではなく、生産ラインの途中から夜戦を組み立てていくかたちに変わった。

これがすなわち「月光」（本書では制式化以後の記述にこの呼称を用いる）で、八、九月のころにバラレ島にもたらされた。この生産型夜戦は、機首先端に半球型の透明部を設け、機首下面を削《そ》いで透明板をはめこみ、それぞれ前下方の視界確保をはかった。前者が整備用の明かり取りぐらいにしか役立たなかったのにくらべ、後者は下方銃照準用に便利に用いられた。

話をもどす。機首下面のこの窓に、バラレ島で縦の中央線を描き加えて、対地・対艦攻撃時の目安にした。この照準線は、のち空対空戦闘での有効性が薄れた下方銃が除去されるまで、付加され続ける。

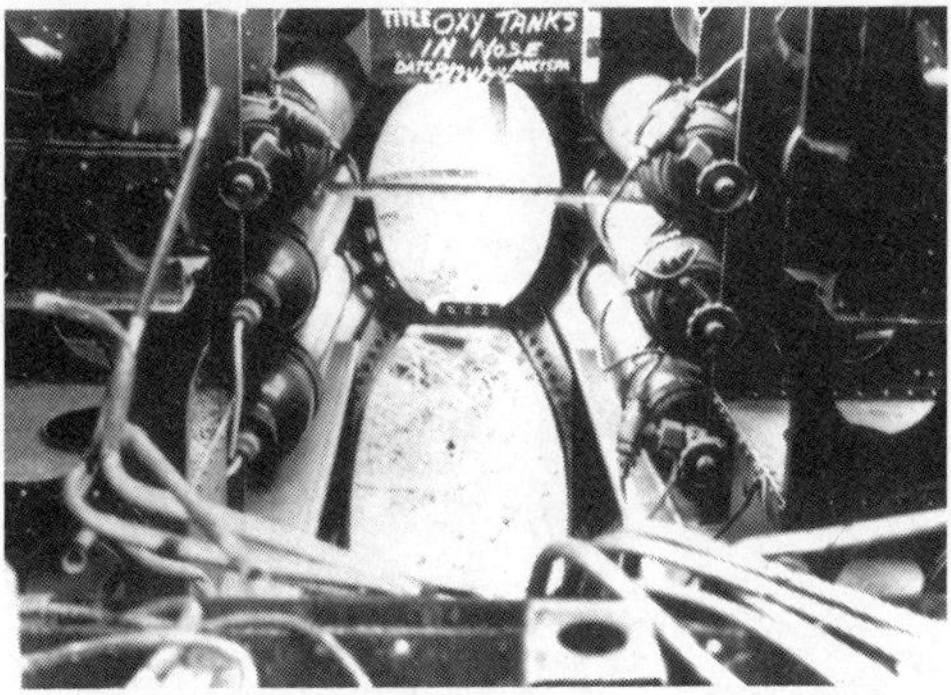


夜戦「月光」への機体の変更は機首部にもなされた。下方銃の照準のため下面が透明樹脂ガラスに変わり、先端は明かり取りのため半球形の透明ドームが付いた。左右3本ずつ設置してあるのは酸素ビン。米軍調査機のため、メジャーや黒板が付加されている。

しかし、夜戦が機動力を生かしても、軽快に逃げまわる魚雷艇の捕捉はむずかしい。斜め銃万能主義の小園司令は、その攻撃用にまた新案をあみだした。下方銃二梃のかわりに、胴体下部から右ななめ下方へ向けて銃身が出るよう、二〇ミリ機銃一梃を取り付ける。敵艦艇を改造夜戦の旋回面の中心に追いこめば、連続して命中弾を与えられる、と言うのだ。

改造夜戦の模型を手に持った小園中佐は、得意げに搭乗員たちに説明を始めた。右ななめ下方への弾道を示す竹ヒゴを付けた模型を、机上の小箱の上で旋回させる。模型と竹ヒゴは逆さの円錐を描き、その頂点がヒゴの先端だ。先端のすぐ下に小箱すなわち魚雷艇があるから、理屈のうえでは、旋回しているかぎり弾丸は命中し続ける。

だが、ただでさえ的確な弾道を得がたい変則な取り付け角度のうえ、機体を傾けて旋回する飛行機が、まったく同一の円コースをなぞるのは不可能である。わずかでもバンク角か円コースがずれれば、弾丸はそれてしまう。なによりも、魚雷艇は回避航行をするに決まっているから、連続命中など望みようがない。ふつうの下方銃を撃ちながら上空を航過する方が、ずっと効率がいいはずだ。

これこそ航空本部や空技廠に笑われかねない新案だ。敵の予想をうらぎる角度の射弾を放ち、勘と運がよければ、驚きうろたえる魚雷艇に命中弾を得られるかも知れないが。

**夜の銃爆撃**

「超」の字がつく変則兵装の右ななめ下方銃は、小園司令の固い信念のもと、ラバウルの南東方面航空廠で二〜三機の改造夜戦に一梃ずつ装着された。既存の斜め銃と同じ、一〇〇発弾倉式（バネを弱めないよう装弾は九〇発）の九九式二〇ミリ二号機銃三型である。

米軍は八月十五日、中部ソロモン制圧の終盤戦として、ベララベラ島南端付近のビロアに上陸。すでに二日前、大本営は中部ソロモンの放棄を決めていたが、戦闘中の地上部隊を撤退させるまで、敵の進攻をはばむ航空戦を継続する必要があった。

「月光」一一型の下面、胴体下の主翼付け根位置に見える中型爆弾懸吊架は二十五番（250キロ）用。胴体後部下面に下方銃用20ミリ機銃2梃の銃身が出ている。

二～三機でしかないバラレ島の二五一空夜戦も、戦力の一端をになって八月十七日からベララベラ島上空へ飛び、一一夜にわたる陣地銃爆撃、艦艇索敵攻撃、それに輸送船団の上空掩護を開始する。ここで右ななめ下方銃装備の夜戦が使われた。

始めの三晩は第一目標をベララベラ南岸付近の艦艇、第二目標をビロア付近の上陸拠点に定めた。第一夜は小野飛曹長―浜野中尉ペアが、駆逐艦へ六番二発を投下。第二夜は工藤上飛曹―市川飛曹長ペアが同じく二発を、高射砲陣地に落として帰投した。第三夜は、この二個ペアによる四〇分ほ

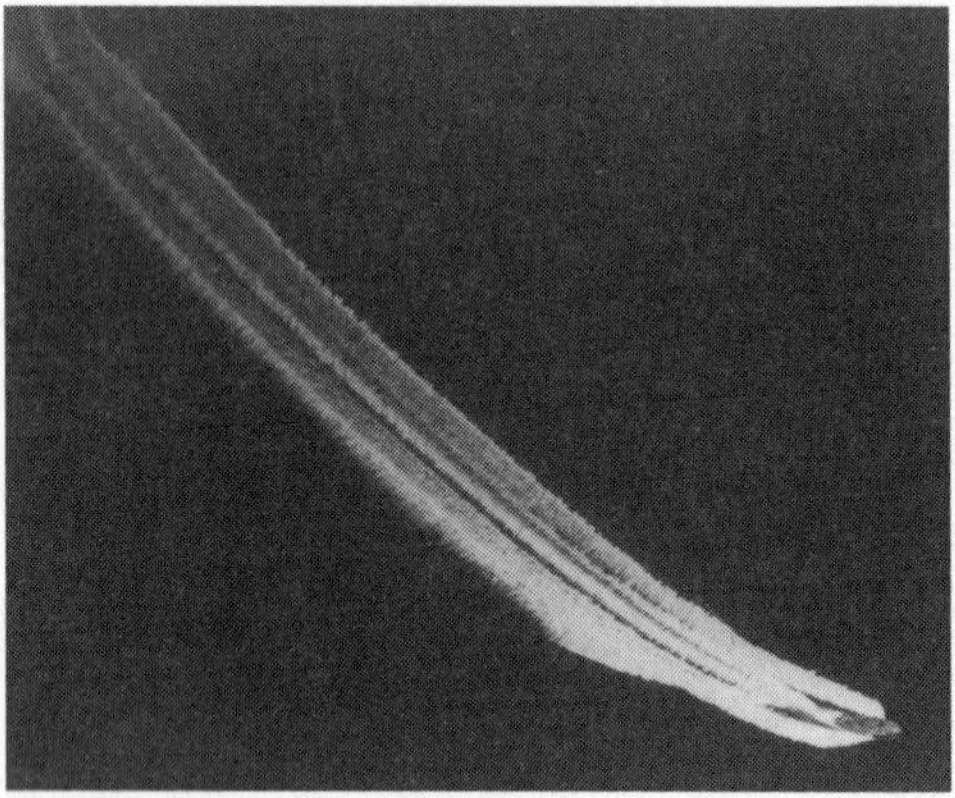

海面を高速航行中の米海軍魚雷艇が引くウエーキは夜戦にとって発見するいちばんの手がかりだ。

ど間《ま》をおいての陣地への連続攻撃で、浜野機の六番四発の投弾に対し、市川機は六番二発と二〇ミリ機銃を併用の銃爆撃だった。

攻撃のピークは、八月二十日の未明と二十一日の未明。

二十日はビロアの陣地に的をしぼった連続攻撃である。最初に発進した六番四発搭載の夜戦は、工藤上飛曹—川崎二飛曹のペアが乗って午前零時半に目標上空に到達。爆弾と下方銃の全弾を放って、バラレに帰ってきた。二番手は岡戸二飛曹—山口二飛曹機（六番二発）、三番手が徳本二飛曹—西尾治二飛曹機（同三発）で、ともに下方銃全弾を消費しての銃爆撃だ。

三機は一時間半おきに陣地を襲って、いずれも帰投した。一機目がもどる前に二機目が発進し、二機目の帰還前に出た三機目は一機目と同一の機材だったと思われる。

三個ペアはそれぞれが二〇ミリ弾を九〇発だけ撃っている。ふつうの二梃装備の斜め銃なら、発射弾数は一八〇発のはずだ。したがって、これらの夜戦が司令新案の右ななめ下方銃装備だったのは、まず間違いない。

翌二十一日は延べ五機をくり出した。そのうち二機は未明の艦艇攻撃、三機は撤収する陸軍部隊の舟艇の掩護が任務だった。

午前零時すぎに出撃した艦艇攻撃の一番手は、遠藤少尉―浜野中尉の熟練ペア。ベララベラ島のビロア付近を偵察ののち、東進してコロンバンガラ島とニュージョージア島のあいだのクラ湾を索敵。もどってベララベラの陣地に六番四発を投下した。

ベララベラ島の西岸に張り付くように、小さなバガ島がある。バラレへの帰途、浜野中尉の目は、この小島の北部海面に吸い寄せられた。「あそこに何かおるぞ！」。中尉の声に、遠藤少尉も魚雷艇らしい小型の水上目標を認めた。すぐに敵の上空に飛んで、下方銃を使って攻撃にかかる。

逃げる魚雷艇を二〇分ちかく追いまわすうちに、相手が見えなくなった。隠れようがない海上で消えたのだから、沈没以外に考えられないが、三時間の夜間飛行を終えてもどった浜野中尉は「沈没か否《いな》かは不明」を小園司令に報告した。右ななめ下方銃から二〇ミリ弾九〇発を放ったけれども、爆発を確認してはいないからだ。

翌日、中尉は司令から「おい、魚雷艇が沈んだというアメリカの情報を聴いたぞ」と話しかけられた。二〇ミリの徹甲弾で穴をうがたれ、通常弾の炸裂によって割れた船底から浸水し、沈んだと思われた。これで、二五一空の夜戦にとって唯一の、魚雷艇撃沈戦果が確定した。

浜野機の帰投一五分前に、艦艇の索敵攻撃に出た岡戸二飛曹―山口二飛曹機は、ビロア付近のすぐ沖に駆逐艦らしい艦影を発見。緩降下で六番二発を投下し、反転するさいに岡戸二飛曹は、命中と爆発を認めた。夜戦に気づいた敵は、陣地と艦上の対空火器でいっせいに応戦してきた。機をすべらせて激しい弾流をよけ、闘志充分の岡戸二飛曹は弾幕をついて銃撃にうつる。全弾を撃ちこんで、戦闘空域を離脱しつつ敵艦に目をやると、爆弾命中による火炎は鎮《しず》まったようだった。

八月二十五日の未明には徳本二飛曹―岩山上飛曹機が艦艇を爆撃し、遠藤少尉―保《ほし》科強兵《なきようへい》上飛曹機が舟艇と高射砲陣地への銃爆撃成功を報じた。改造夜戦によるこの種の作戦は、その兵装から顕著な戦果は得がたくても、よく健闘したと見なせよう。

## 「月光」だけの航空隊

昭和十八年の八月下旬から九月下旬までの一ヵ月間に、二五一空・陸偵分隊にいく

18年8月、二五一空「陸偵」分隊の戦果に対し十一航艦司令長官・草鹿任一中将から軍刀を贈られ、バラレ島で記念写真を撮った。小園司令と浜野中尉以下の分隊ほぼ全員の集合で、3～4機を扱うにしては意外な多人数だ。

つかの変化が生じた。

　まず第一は、八月二十三日付で出された改造夜戦の制式化である。前述のように、すでに「月光」の呼び名を与えられていたが、ここにあらためて夜間戦闘機「月光」一一型（J1N1-S）の名称で、兵器として制式採用がなされた。五月下旬の初撃墜から三ヵ月も、この処置がとどこおっていた理由は判然としない。有効機材と分かってあわてて制式機にしたのでは、斜め銃を笑いものにした手前、立場がないと航空本部や空技廠の面々が考えたためだろうか。

　ともかく、初の制式夜間戦闘機に決まって〝戸籍〟に入ったこの日から、戦時日誌や戦闘詳報、行動調書といった海軍部隊の正式書類にも、「月光一一型」あるいは「夜戦」「丙戦」と記載され始めた。「月光」の制式採用は、すなわち斜め銃の制式兵器化である。小園中佐、浜野中尉らの努力と苦心が真に実を結んだのだ。

続いて九月一日、南東方面の基地航空隊を統轄する第十一航空艦隊の編成替えが実施され、零戦と「月光」をもっていた二五一空は、「月光」だけの部隊（旧編制と同じく輸送機二機を付属）に変わった。海軍初の夜間専用航空隊がここに生まれた。

新編成二五一空の「月光」の装備定数は陸偵時代と同じ二四機（うち補用八機）。夜戦だけの部隊だから、せめて定数の六〜七割をそろえてもよさそうなものなのに、補充機が届いた九月初めの九機保有（うち可動五機）すら例外的で、たいていは保有五〜六機、可動三〜四機の状態が続いた。多少の補充は、夜間着陸のさいの事故で消耗してしまうのだ。可動全力がたった一個小隊の航空隊というのは、いかにも不自然である。

零戦隊の削除（分離）で欠員になった飛行長には、三座水偵の操縦員出身の園川大大尉が発令された。通例は少佐が務める飛行長職に、大尉が任じられるのは異例で、飛行隊長が欠員（適任者がいなかったためか）なのと合わせて、二五一空の戦力規模の小ささをよく表している。ただし、整備や兵器整備、燃料補給、各種運搬にたずさわる地上員だけは、ふつうの航空隊なみに七〇〇名以上もいた。

同じ九月一日、二五一空のラバウル帰還が決まった。夜戦がバラレ島に進出して（零戦はブイン）第二十六航空戦隊の指揮下に入っていたのを、本来の第二十五航戦の傘下にもどしたのだ。ラバウルへの復帰には、八月中旬の大本営における中部ソロモン放棄の決定が、影響していたようだ。いわば本陣の守備固めである。

この処置により「月光」は、司令部があるラバウルに二〜三機、バラレに一機と逆転し、後者はバラレ派遣隊に呼称が変わった。この機数でも、慣熟した搭乗員の組数が多いから、目的を夜間防空にしぼれば任務遂行はなんとか可能だ。内地からの補充機材はトラック諸島へ受領に出向き、ついでに搭乗員たちに食事や娯楽の休養をとらせた。

もう一つの変化は小園司令についてだ。夜間戦闘機実現の功績が評価されて、九月十八日付で海軍の表彰を受けた中佐は、三日後の二十一日付で、開戦以来の長い外戦部隊首脳の勤務からはずれ、横須賀鎮守府付の辞令を受けた。鎮守府付は、つぎの補職を聞くまでの暫定的な身分である。

二五一空司令の後任者は、兵学校が一期後輩（五十二期）の楠本幾人《いくと》中佐。飛行学生は四期後輩で、同じ艦戦搭乗員出身の楠本新司令は、小園中佐とは対照的に保守的な性格の持ち主だった。

しかし夜間戦闘機と夜戦隊の基礎は、すでに小園中佐と部下たちによって確立されているから、新司令はとくに辣腕《らつわん》者を必要としない。南東方面の夜の戦場に充分な成果を残した小園中佐は、楠本中佐が着任した翌日の九月二十五日、飛行機便でラバウルを発った。

## B－25を落とす

二五一空の夜戦部隊としての初仕事は、改編の当日に、東部ニューギニアにおける陸軍の根拠飛行場で知られるウエワクに入る、船団の夜間上空哨戒だった。当時、ウエワク方面の陸軍戦闘機部隊はあいつぐ空襲で機材の大半を失い、とりわけ二人乗りで夜間哨戒には有利な二式複戦は可動機ゼロの状態。また、仮に複戦が飛べたところで、夜間の洋上飛行は航法の不得手な陸軍機には、荷が重すぎる任務と言えた。

派遣されたのは浜野中尉、小野飛曹長、工藤上飛曹の熟練トリオだ。九月一日の夜にラバウルから小野―浜野ペアが発進し、哨戒しつつ三時間四〇分でウエワク着。翌二日の未明、こんどは工藤―浜野ペアがウエワクを離陸し、なにごともなく入港する船団の上空哨戒をすませて、そのままラバウルまで飛んできた。

彼らが東飛行場に降りてしばらくたった二日の午前。中部ソロモンの敗勢で最前線基地と化したバラレ島では、空襲から零戦隊を遠ざけるため、ラバウルへ後退させるべく発進準備が進んでいた。零戦隊は二日前までは同じ二五一空の隊員で、待機所がわりのテントをならべていた間柄《あいだがら》なので、「月光」搭乗員も見送りで飛行場に出ていた。

このとき、逆ガル翼のボートＦ４Ｕ－１「コルセア」戦闘機が三〜四機、列線を敷いた一二機の零戦に向かって超低空で突進してきた。ところが先頭の敵機は目標を誤ったのか、指揮所の上に組まれた見張台に接触し、そのまま墜落。地表で爆発したＦ４Ｕの破片が、トラックの下に退避した遠藤少尉の口や左腕、腹部に当たって重傷を負わせた。

9月（2日か）の空襲のさいに墜落したF4Uの国籍マーク部分を工作科が切り取って、本部兼士官舎の前に展示した。笑顔を見せるのは通信長の荒尾兵曹長（左）と進級早々の金子龍雄少尉。

遠藤少尉はこのままラバウルの第八海軍病院へ送られ、

入院した。のちに「B－29撃墜王」として名をはせる彼の、ラバウル、ソロモンでの戦果は魚雷艇一隻撃沈だけで、重爆の撃墜は果たせないまま、十二月下旬に内地へ向かう。

九月のなかばから下旬にかけて二五一空は、二〜三機の「月光」を同じパターンでフルに活動させた。十五日を例にとると、田谷収三二飛曹─金子龍雄少尉のペアが午前二時四十五分から二時間、ラバウル基地上空を哨戒。午後一時半、東飛行場を岡戸二飛曹─澤田飛曹長が発進し、五二〇キロを二時間半かけて哨戒しつつバラレ島に降着。バラレでは午後九時十分に、林上飛曹─保科上飛曹が基地上空の夜間哨戒に上がる、というぐあいだ。

夜戦にとっていちばん大切なのは、敵機への射弾命中ではなく、捕捉である。うまく捕捉できさえすれば、直線飛行中なので、たいてい撃墜・撃破につなげられる。そして、この十五日に飛んだ三個ペアのうち、林─保科ペアがみごと捕捉に成功した。

敵機に関する情報がないまま、バラレ基地周辺の上空を三〇分あまり飛んでいた林─保科ペアは、高度一〇〇〇メートルほどの低空を飛ぶB－25「ミッチェル」双発爆撃機二機の翼灯を見つけた。すぐ追跡にうつり、後下方につこうとしたが、敵の速度が速くて容易に射程内に入らない。

このころ南東方面にいたB－25は低速ぎみのD型で、カタログ値の最高速度では五〇キロ／時も「月光」が速いが、低空の全速はほとんど差がないとみていいだろう。一〇分ほど飛ぶうちに、B－25は危険空域を抜けたと思ったのか、速度を落とした。

左翼エンジンナセルから発火したB-25。北千島方面での昼間の被弾だが、夜間空戦の状況をうかがえよう。

翼灯を消した送り狼の「月光」に、敵は気づかない。林上飛曹は真後ろから迫り、下方に入って斜め銃を撃ち続けた。射弾は胴体に命中、発火確認と同時によけて上方へ出てみると、敵機の姿はなく、海中に突入したものと思われた。

双発機は四発機より小型で見つけにくいし、格段の機動力を有するため撃墜の難度が高い。二五一空では七月に工藤上飛曹—菅原中尉ペアが落とした「ハドソン」につぐ二機目の双発であり、本格爆撃機に対しては初の戦果のうえ、以後もほとんど例が見られない。

五日後の九月二十日には、「月光」の三種の行動のうち、ラバウルからバラレへの移動哨戒

日本側判断で7月513機、8月312機だったバラレ空襲は、9月に激しさを増して前半に445機を数えた。9月16日もSBD艦爆、F6F、F4U艦戦合計64機が来攻し、惨状を呈した。

時に戦果が上がった。午後三時すぎ、工藤上飛曹―金子少尉機が反航のB-24を追いかけて、一〇分間ほどの空戦で左翼の両エンジンと翼内の燃料タンクから白煙を噴かせた。墜落までは確認できなかったけれども、ダメージの度合から、初の昼間撃墜と認められた。

中部ソロモンの戦線崩壊で、敵の攻撃正面に変わったブイン、バラレ両基地への空襲は、しだいに激しさを増す。九月十四日にはブイン、十六日にはバラレが、それぞれ戦爆連合の大編隊に襲われた。バラレへの空襲時、飛行場逸られ放題で、F4U「コルセア」とF4F「ワイルドキャット」戦闘機が飛びめぐって、防空壕から一歩も出られず、入口近くにいた者が爆風で奥へ吹き飛ばされるすさまじさだった。

空襲による損耗を避けるため、午後の移動哨戒でバラレにやってきた「月光」を、翌日の早朝にラバウルへ向かわせる措置をとった。だが、これは間に合わせ的な行動で、敵が白昼堂々と戦爆連合でやってくるような戦況では、ブイン基地の夜間防空が本務のはずの「月光」を、バラレに置いておく意味がない。二五一空は十月中旬までに、バラレ派遣隊をラバウルに呼びもどした。

約一〇〇日におよんだバラレ島を基地にしての戦いは、B-24六機（実際は四機。うち一機不確実）B-17二機（実際は四機）、B-25一機、「ハドソン」一機、合計一〇機の撃墜戦果に代表される。ほかに魚雷艇一隻撃沈をふくむ対艦・対地攻撃、基地・艦船の上空哨戒を加えれば、常時在駐わずか一〜二機の夜間戦闘機がはたした戦果としては、文句なくAランクと評価できよう。

ところで、バラレ基地を造った第十八設営隊付の佐藤小太郎軍医少尉は、「月光」が進出した七月上旬から、少尉がカビエンに移るまでの二ヵ月間、隊舎を訪れて夜戦と乗員たちとしばしば話をした。

当直の搭乗員は敵機の夜間来襲にそなえて、起きていなければならない。ただ起きているだけではなく、鋭敏な感覚の維持が必要だ。そのために彼らが、除倦覚醒剤《じょけん》（けだるさが消えてシャッキリする薬の意）であるヒロポンの錠剤を持っていたのを、佐藤軍医少尉は覚えている。ただし、ヒロポン錠を自分が与えたのか、以前から搭乗員が持っていたのかは、記憶にないという。

このころ覚醒剤は、民間にはほとんど出まわっていなかった。常用がもたらす危険な副作用は、軍医も認知しておらず、便利な面だけが伝えられていた。搭乗員、とりわけ夜戦乗りに有効とされ、時として用いられたこの薬の、知りうる範囲において最も早期の使用例に関する証言が、昭和十八年夏の佐藤軍医少尉によるものなのだ。

### 敵の攻勢、激化

開戦このかた進撃あいついだ第一段作戦はともかく、占領した地域の確保のため、さらにその外郭圏《がいかく》の攻略をめざす昭和十七年四月以降の第二段作戦は、日本の国力の浅さと米軍の反抗開始であえなく挫折した。

大本営は十八年四月から、守勢的色彩が濃い第三段作戦に移行。しかし、防衛用の作戦を進めようにも、手持ち戦力のほとんどをはたきり、実力以上に広げた戦線をたもつだけの手段はなかった。そこで、ソロモンとニューギニアでできるだけ持ちこたえ、その間に敵の反撃を粉砕しうる兵力と作戦を用意して、あらたな戦域で不敗態勢をめざす新方針へと移行する。

ソロモン諸島につよい未練の海軍もようやく現状を納得し、十八年八月に中部ソロモンの放棄と東部ニューギニアのラエ、サラモアからの撤退が始まり、南東方面の戦線縮小でまず陸海軍の意見が一致。ついで九月末、不敗態勢の新戦略・絶対国防圏構想が定められた。千島列島～小笠原諸島、内南洋《うちなんよう》中西部（マリアナ諸島、東・西カロリン諸島）～西部ニューギニア、小スンダ列島～ジャワ島～スマトラ島～ビルマの圏内を絶対国防圏と称し、この確保域の中に敵を一歩も入れない一大方針である。

この圏外で持久戦を続けるのが構想成就の必須条件なのだが、彼我の力量差を自覚していない読みの甘さを、まもなく日本軍は思い知らされる。

たった二～三機の可動「月光」をやりくりして、夜間の上空掩護、哨戒、艦船攻撃など連日の作戦飛行を続けていたラバウル東飛行場の二五一空に、しばらくぶりの戦死者が出た。十月二十一日の夜、めずらしく三機が同時にラバウルの上空哨戒に発進。三番機の田谷収蔵二飛曹―晴山文雄二飛曹のペアが、離陸後まもなく無線電信の連絡を断ち、予定の一時間哨戒が終わっても帰らなかった。

田谷二飛曹は二五一空のラバウル進出時から、搭乗割（出動編成表）に入っていた操縦員だから、操縦ミスはちょっと考えにくい。内地の夜戦搭乗員訓練部隊（厚木航空隊。後述）からの新入隊員で、初めて作戦飛行に出た晴山二飛曹の航法ミスの可能性もあるが、単なる上空哨戒だから、もしもコースが変なら飛びなれた田谷二飛曹が

11月2日の午後、第501爆撃飛行隊のB−25Dから写された東飛行場とラバウル港。画面右の飛行場内に「月光」が1機置かれ、左端に陸軍の九七式重爆撃機が駐機中。

気づいて修正するはずだ。消去法でいけば、乗機の故障による海没（？）事故との推定が出る。

十月下旬からラバウルに来襲する敵機群の規模が、いちだんと大きさを増した。米陸軍のB－24、B－25にP－38戦闘機が随伴するほか、米海軍機が加わり始めた。十一月十一日のラバウル空襲を例にとると、第一波は第5航空軍のB－24二三機、第二波が第50任務部隊の空母五隻からグラマンF6F艦戦、グラマンTBF艦攻の合計一〇六機、第三波が第13航空軍のB－24四二機という激しさである。

零戦隊が必死に防戦する昼間は身をひそませ、日没を迎えて動き出す夜戦「月光」。十月下旬から十一月上旬にかけて、工藤上飛曹の操縦で二つの戦果が記録された。

一つは、菅原中尉とペアを組んでの艦船索敵攻撃。十月二十日の未明の航跡を認めて降下、輸送船を発見し六番四発を放った。爆発の閃光《せんこう》はあったが、敵は煙幕を張っているらしく、詳細は煙に隠れて視認できなかった。この攻撃で「月光」は三六〇発の二〇ミリ弾を消費した。行動調書の数字が誤記でないのなら、下方銃の全弾を撃ったあと反転、背面飛行で残る一八〇発を撃ちこんだとしか考えようがない。改造夜戦で初撃墜して以降、数々の戦果をあげたなじみのペアが、果敢かつ異様な攻撃を加えたのか。

いま一つは、十一月九日未明の基地上空哨戒中に起きた。午前零時を三〇分近くまわったころ、単機で飛行中のB-24を発見し、後席に対馬《つしま》一次《かつじ》一飛曹を乗せた工藤機が追撃。有効弾を浴びせたあと見失ったけれども、司令部では撃墜おおむね確実と判定された。

夏装の飛行服に救命胴衣を着用した対馬一次一飛曹（偵）。

四名の偵察員とペアを組んだ工藤上飛曹の「月光」による合計撃墜戦果は、これで確実九機（内一機は昼間）、ほぼ確実一機の一〇機に達した。台南空当時に九八陸偵の三号爆弾であげた戦果（確実一機、不確実一機）を加えれば、公認撃墜数は一二機におよぶ。一機が双発機のほかはいずれも四発重爆であり、日本海軍を通じて対大型機撃墜で、彼の右に出る者は敗戦の日まで現われなかった。

十一月九日の戦果は、工藤上飛曹がはたした最後の撃墜である。それは二五一空にとっても、昭和十八年に記録された最後の撃墜だった。

以後年末まで、上空哨戒中の「月光」がときおり敵機を見つけても、「捕捉シ得ズ」「追躡《ツイジョウ》スルモ見失フ」の報告があいついだ。敵機捕捉が困難化した原因には、米軍のソロモン諸島北上によって戦爆連合の昼間空襲が実現して、夜間爆撃の必要度が薄れたための来襲機数の減少、夜戦の存在を知ったB－24が全速飛行やジグザグ飛行へ移行、四発重爆にくらべ高速で高機動力のB－25やB－26が登場した、などがあげられる。

## きわどい陽動飛行

この時期に特筆されるのは、十一月から十二月にかけてのブーゲンビル島沖航空戦における、「月光」の陽動任務だろう。

勝利のためにはこれ以上は引けない、という絶対国防圏を形成するには、ラバウルおよび北部ソロモンで米軍の反撃を食い止めねばならない。とりわけブーゲンビル島の現状維持は重要で、この島を攻略されればラバウルも無力化し、南東方面の総くずれを招く。

この判断から、第一航空艦隊の空母「瑞鶴」「翔鶴」「瑞鳳」の搭載機をラバウル基地に上げ、十一航艦の第五、第六空襲部隊（二十五、二十六航戦）と合同して、敵の進攻を打ち破ろうと図った。すなわち「ろ」号作戦である。

米軍は十月二十七日、ブーゲンビル島侵攻を前に、すぐ南のモノ島に上陸。これを受けて二十八日に「ろ」号作戦が発令された。海軍航空隊はただちにモノ島の敵上陸軍を爆撃したが、本格的な航空戦は、十一月一日のブーゲンビル島タロキナへの敵上陸ののちに火ぶたを切った。十一月五日の第一次に始まる、米艦船群攻撃に主眼を置いた六次にわたるブーゲンビル島沖航空戦だ。

第三次までの航空戦で手ひどく損耗した一航戦飛行機隊、つまり母艦機のトラック諸島への引きあげが決まって、きわだった戦果がないまま十一月十二日で「ろ」号作戦は終了。第四次ブーゲンビル島航空戦からは、ラバウルと、その北にかぶさるニューアイルランド島のカビエンにいる基地航空隊だけで実施する。

十一月十二日の夜、敵機動部隊発見の報告がもたらされ、七〇二空と七五一空の一式陸攻一一型一二機による夜間雷撃戦法を決定。第四次ブーゲンビル島沖海戦の開幕

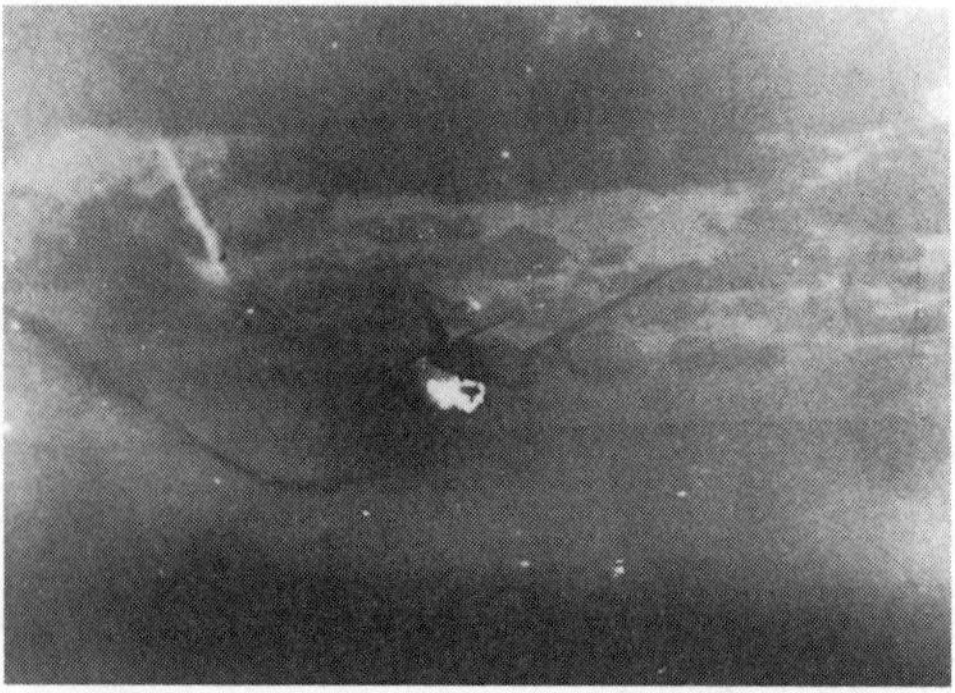

夜間雷撃のため米機動部隊に接近し、左エンジンに被弾した七五一空の一式陸攻一一型。19年2月、マリアナ海域で。

である。

　ともに一日付で進級した林英夫飛曹長と西尾治一飛曹は、「月光」での囮《おとり》任務を命じられた。陸攻隊とともに出て、敵艦隊を発見したら別のコースを飛ぶ。陸攻隊の「攻撃開始」を受信と同時に、電探欺瞞紙《ぎまんし》をまいて敵の砲火を引き付ける。その間に別方向から陸攻隊が雷撃する、という算段だ。

　電探欺瞞紙とは、長さ七〇センチ、幅二・七センチのいわゆる銀紙で、レーダー波を反射するから、夜空に何百枚とまけばスコープには多数の飛行機として映る。英軍が「ウィンドウ」の名で、ドイツ・レーダーの目くらましに使ったのは有名な話だが、使用開始は日本海軍とほぼ同時期である。二十五航戦司令部では「特種《とくしゅ》電波反射紙」と記載し、搭乗員たちは「電探」「銀紙」「欺瞞紙」などと略称した。

林飛曹長の「月光」は、十二日の午前十一時二十分にラバウル東飛行場を離陸。午前零時に西飛行場を発進の一式陸攻と会合したが、天候不良で視界がきかないため陸攻を見失い、単機で進んだ。

五〇〇〇メートルの高度から索敵していた林機の、機体が急に持ち上げられた。敵の高射砲弾が至近で炸裂したのだ。眼下に、海面を刻む白い航跡がいくつも見える。敵艦隊発見は十三日の午前一時四十七分。

敵の輪形陣は左舷側と思った飛曹長の判断とは逆に、主力艦は右におり、艦隊の真上に入ってしまった。まわりを高角砲の炸裂煙に囲まれながら、後席の西尾一飛曹に打電を命じる。「敵発見、打て！」

ひと呼吸おいて、もう一度「打ったか⁉」。だが伝声管から意外な返事が響いてきた。「武者ぶるいで電報打てません」

西尾一飛曹は飛練を終えたばかりの新人偵察員ではない。二五一空・陸偵分隊の当初からのメンバーで、夜間哨戒をいく度もこなし、対艦艇、対地攻撃も経験ずみだ。その彼が興奮して震えがくるほど、敵艦隊上空の飛行はすさまじかった。電信のキーは微妙な指の動きを必要とする。誤報は敗北につながるから、一飛曹は正直に自分の状態を伝えたのだ。恥を恐れて適当にごまかすよりも、よほど気力が必要である。

林飛曹長も直感的に彼の心理を理解した。気を落ち着かせた西尾一飛曹は、正確に「敵発見、触接開始」を打電する。

午前二時すぎ、陸攻隊から「二群の目標を探知」の連絡が入った。敵の砲火を「月光」に引きつけねばならない。飛曹長は「電探まけっ！」とどなる。

後席から放たれた銀色の束が、散らばりながら夜空に流れ去る。一回、また一回、あちこちに浮遊させると、効果てきめん、弾幕がたちまち消えた。急に現われた多目標に、レーダー測距員がとまどっているのだろう。二時二十分「ワレ攻撃開始」を送信し、欺瞞紙をまきつつ降下する。敵のねらいを直上空域に集めるためだ。下方銃を一連射し、六番四発を投下。いったん欺瞞紙に吸い寄せられた敵弾は、ふたたび「月光」めがけて飛んでくる。白熱のシャワーにはばまれて、前が見えない。

ここで上昇に移れば、まずやられてしまう。林飛曹長はなおも高度を下げて、敵艦のあいだをすり抜けるように離脱した。突入から一五分、脂汗《あぶらあせ》が流れる攻撃だったが、危険空域を脱し、午前三時三十五分に東飛行場に帰着できた。

七〇二空飛行隊長・小林源三少佐がひきいる一式陸攻七機は、一機落とされただけで、撃沈三隻、大破二隻を記録（触接した戦果確認機の報告による）。「月光」からも火柱を上げて轟沈するのが見えた。米軍の実際の損害は重巡洋艦「デンバー」の大破

第531海兵夜戦飛行隊のPV-1「ベンチュラ」がソロモンの基地で待機中。機首先端にAI Ⅳ型レーダーのアンテナが付いている。

だけで、ほかは輸送船に対する戦果だったと考えられるが、陸攻の雷撃がまったくふるわないこの時期にあっては、特筆すべき奮戦と言える。

林機の陽動飛行は、被弾しやすく耐弾性に乏しい一式陸攻を大いに助けたはずだ。第五空襲部隊の戦闘概報には、陸攻隊の攻撃のさい、敵艦の対空火器があらぬ方向を撃ったり火網が分散したために「丙戦の牽制並ニ銀箔ノ降下ナリシモノト認ム」と記されている。

この攻撃で未帰還の一式陸攻は、米海兵隊の第531海兵夜戦飛行隊のロッキードPV－1「ベンチュラ」双発夜間戦闘機に落とされていた。ルッセル諸島を発進したデュアン・R・ジェンキンズ大尉のPV－1は、機動部隊からの誘導指示を受けて陸攻隊に接近。月明かりに浮かんだ目標を発見し、海兵夜戦として初の夜間撃墜をはたした。

米軍はこの時点で、陸軍（ダグラスP－70Aと新鋭のノースロップP－61A）、海軍（ボートF4U－2）、海兵隊（PV－1）ともにレーダー装備の夜間戦闘機を配備しており、また陸上基地夜間帯からの誘導によるGCI（地上邀撃管制）を確立しつつあった。ヨーロッパの英・独空軍はさらに一年以上も前からレーダー付き夜戦を実戦で用いており、肉眼が頼りの日本だけが電波戦で取り残された状態にあった。

第五次ブーゲンビル島沖航空戦は、十一月十七日の未明に戦われた。このときは夜戦の積極的な陽動飛行は採用されなくて、林飛曹長は対馬一飛曹とペアを組み、夜間の進撃哨戒中に敵艦隊を見たら欺瞞紙をまく任務を与えられた。戦場から遠いので艦影は認められず、かわりにマーチンB－26「マローダー」を発見し一連射を加えたけれども、効果不明に終わった。

十二月三日の第六次航空戦では、ふたたび夜戦の陽動戦法が採られた。「この前もやったんだから今度も行け」と操縦員は林飛曹長に決まり、偵察員にはベテランの市川飛曹長が指名を受けた。両飛曹長はバラレでB－24（実際はB－17）二機を落とすなど、何度もペアを組んでいて意思の疎通は充分だ。

二人は南東方面艦隊／十一航艦の司令部に呼ばれ、司令長官・草加任一中将の前で参謀から命令を伝えられた。陽動機への期待と、任務の危険度の高さを如実に示す、異例の措置である。

日没一時間前の午後三時四十分にラバウルを離陸。六時過ぎにモノ島の沖で敵艦隊を発見した。機長の市川飛曹長は座席の横から電探欺瞞紙をつかみ、まるめては機外へ流す。一〇分間でまき終わり、攻撃にかかるため艦隊の上空に達すると、弾幕が「月光」を包んだ。今回も六番四発を投下し、飛びめぐりつつ下方銃の全弾一八〇発を放って、戦闘空域を離脱。一発の被弾もなく、発進から四時間半のちに東飛行場にすべりこんだ。

二五一空がラバウルに来て七ヵ月。上空哨戒に始まり、空対空、空対艦、空対地の各攻撃、偵察、陽動飛行と、夜間戦闘機に要求されるほとんどの任務をこなして、存在価値を実証したのだった。

# 3 部隊編成すすむ

## 「あれはだめ」な二式陸偵

第二五一航空隊がラバウルで活躍しているあいだに、J1N1は夜間戦闘機「月光」一一型と二式陸上偵察機の二本立てで生産が進んでいた。いちやく注目をあびた改造夜戦とは対照的に、部隊配備されても一向にパッとせず、やがて本来の任務すら忘れられてしまうのが二式陸偵だ。

昭和十七年（一九四二年）七月の制式採用ののち中島飛行機では、十三試双戦を手直しし、動力銃架を除いて大型カメラの固定航空写真機K8を積んだ二式陸偵の、小規模生産を進めていた。防御用火器は電信席に付けた後上方用の七・七ミリ旋回機銃一梃だけとされ、ほかに十三試双戦にあった後下方用の七・七ミリ機銃一梃も装着可能だった。

機首の二〇ミリ機銃一梃と七・七ミリ機銃二梃は、強行偵察時の交戦用に残されていた。しかし、台南空での実用実験でガダルカナル島などを昼間偵察したときも、これら前方機銃はまったく使われておらず、デッドウェイトに近い存在だった。高速が第一条件の偵察機なら、中途半端な武装は捨てて軽量化し、少しでも速力を高める方が有利だ。

量産型の二式陸上偵察機。「月光」との外形上の相違でめだつのは風防の中央部に立つアンテナ柱だ。斜め銃の射弾による破損、断線を生じないように主翼端から水平尾翼にアンテナを張る「月光」には柱がない。手前に見える排気管は十三試双戦と同一の造り。

海軍側の測定値で最高速力五〇七キロ／時にすぎない二式陸偵こそ、この処置が必要だった。そこで、ある程度まで生産が進んだところで機首機銃は廃止され、三ヵ所の銃口はジュラルミン板でふさがれた。

空技廠で二五一空の改造夜戦への作業を進めているころ、進出先のラバウル東飛行場で生まれた二式陸偵装備部隊があった。初めての陸偵専門航空隊として昭和十八年四月十五日に開隊、十一航艦・二十一航戦所属に加えられた第一五一《いちごおいち》航空隊だ。この部隊があったから、小園安名司令は二五一空の二式陸偵を全機とも、斜め銃装備の夜戦に変える処置をとれたわけである。

一五一空の守備範囲は、ソロモン諸島からニューギニア東端部までと広いうえ、最高の激戦区域だった。したがって大航続力は言うにおよばず、日増しに活発化する敵戦闘機を振りきるために、少しでも速い飛行機がほしい。

ところが、昭和十七年後半から十八年初めまでのあいだに、量産されつつある海軍の偵察機は二式陸偵しかない。「彗星」艦爆の偵察機型、二式艦上偵察機を生産にうつすところまで来ていたけれども、実施部隊へまわるにはもう少し時間がかかる。艦偵は空母に載《の》せるように作ってあるが、零戦と同じで、陸上基地から飛ばしてもなんら差しつかえはない。

この時期に唯一の量産偵察機だった二式陸偵は、しかし海軍偵察機の主力とはなり得なかった。航続力は充分でも最高速力が五〇〇キロ／時あまりでは、

海軍が運用中の百式二型司令部偵察機。一部の機構や表示、塗装を海軍流に変えただけで、外形は陸軍版と同一である。

市野明上飛曹が試飛行する横須賀航空隊の艦上爆撃機「彗星」一二型。二式艦上偵察機がそろわず、艦爆型の「彗星」で代用しており、風防の前の二式一号射爆用照準器も艦爆が使うもの。尾部下面に着艦フックを装備。

グラマンF4F戦闘機にすら追いつかれてしまう。今後、発達型の開発を命じる予定がないため、「一一型」は付加されなかった。

十七年なかばまで海軍が主用した九八式陸上偵察機は、陸軍の九七式司令部偵察機の小改造型だった。そして、その後継に海軍が選んだのは二式陸偵ではなく、九七司偵のあとを継いだ同じ三菱製の百式二型司令部偵察機である。「新司偵」と呼ばれ、陸軍きっての快速を発揮した百式司偵は、二型の最高速力が六〇四キロ/時で、二式陸偵より一〇〇キロ/時も速い。海軍がメンツを捨てて採用するはずだ。陸軍機のキロメートル表示の計器や、引くタイプのスロットルレバーは、海軍式のノット表示の計器、押すタイプのレバーに改められ、陸軍からの供与のかたちで導入された。

それでも、本来の海軍機である二式陸偵をまったく無視するわけにはいかず、新編一五一空の装備機は百式司偵と二式陸偵、それに実用実験中の二式艦偵の三機種混用に決まった。

横須賀空で二式艦偵一一型の飛行テストを担当していた市野明上飛曹は、五機の作業を終え、偵察員の西本幸一上飛曹らとそのうちの二機を持って、十八年四月のラバウル東飛行場に到着。彼らは一五一空編成要員なのだが、まだ開隊していないので、しばらくは同じ十一航艦・二十一航戦に所属する二五三空ですごした。

まもなくの一五一空の開隊により、市野上飛曹らは転勤して予定どおり一五一空付に変わり、二式艦偵の慣熟飛行にかかった。内地とは機構も使用条件も違う南東方面で、まだ完全とは言えない新型機をいきなり作戦に加えられないし、ソロモン、ニューギニア方面の地形も呑みこまなくてはならない。

一五一空の主用機は、三機ほどの百式司偵二型と、同じく二〜三機の二式陸偵。開隊翌日の四月十六日から、分隊長で偵察員の時枝重良大尉が率先して出動を始めたが、使用機のほとんどは百式司偵だった。

敵の上空への単機進入が任務の大半を占める、偵察機隊の戦死率は、当然ながら高い。一五一空編成当初からの約四〇名の搭乗員のうち、敗戦を迎えるのは、市野上飛曹と梶原輝正上飛曹の操・偵一名ずつだった。

二十一航戦司令部付から一五一空に転勤した梶原上飛曹は、六月二十五日の中部ソロモン偵察を手始めに、多くの偵察任務をこなしている。一五一空での彼の乗機は、まず百式司偵、ついで二式陸偵との混用に変わったが、高速を出せる百式司偵の方が「ずっとよかった」。

特に百式司偵の高高度飛行性能は、日本機のなかでも傑出しており、高空でたいして速度が出ない二式陸偵に未帰還機が出てからは、ほとんどの出動に百式司偵が使われた。

訓練飛行でようすを見ていた二式艦偵の初出動は六月七日、ともにニューギニア東端付近のムルア島、グッドイナフ島への偵察行で、市野―西本兵曹の同年兵ペアが搭乗した。二式艦偵は翼面荷重が高いので、着陸時の沈みがひどかったが、なれてしまえば特に困らず、のちに顕著化する「熱田」液冷エンジンの故障も、初期生産の二一型(二式艦偵一一型に装備)では少なかった。主翼下の増槽は付けっぱなしで、よほどの場合でないと投棄しなかった。

十八年の秋をすぎると、トラック諸島経由で二式艦偵(艦爆型の名と同じ「彗星」と呼ばれるのがふつうだった)が一機、二機と空輸されてきて、これが主力、百式司偵は補助機材へまわった。梶原上飛曹は「『彗星』は全般に百式司偵よりもいい」と評価した。それでも最高速力は二〇キロ／時ほど遅く、F4Fよりは速いけれども、P－38や二〇〇〇馬力の新鋭戦闘機F4Uには敵《かな》わなかった。偵察機の速力には、少なくとも六〇〇キロ／時が必要な時期を迎えていた。

こんな状況のもとで、低性能の二式陸偵が積極的に使われるはずはない。隊員たちから「あれはだめだ」と見はなされ、掩体壕《えんたいごう》に入れられたまま放置された。操縦練習生を卒業して六年ちかいキャリアをもち、飛曹長に進級（十八年十一月）のころまでしばしばガダルカナル偵察に成功した市野上飛曹は、二式艦偵と百式司偵は一長一短とし、「高度八〇〇〇メートルでアップアップの二式陸偵が最低」と区別した。

しかし、二式陸偵の飛行性能の低さは、設計側の責任とは言いがたい。遠距離戦闘機として「あれもこれも」と無理難題を押し付けられたあげく、速度一本槍の偵察機に使われねばならなかった。当初から偵察機をめざすなら、機体強度は低くてすみ、重量は軽減される。翼面荷重も大きくできるから、主翼の小型化が可能だ。こうした機体構造・形状の変更が、最高速力で数十キロ／時の増加につながる。

こんな経過では名作の誕生は望めない。

## 球型銃塔型は試作止まり

さきに述べたように、夜間戦闘機「月光」一一型の制式採用は十八年八月二十三日だが、中島飛行機での生産は、二五一空がラバウルで初戦果をあげた翌月の六月から、二式陸偵と並行して進められた。しかし量的にはわずかで、九月までの陸偵と夜戦を合わせた月産最多機数は一二機にすぎない。その原因は、夜戦隊が二五一空だけで、また二式陸偵も少数機しか用いられないため、発注数が抑えられていたからだ。

このころ空技廠では、二式陸偵の偵察席をつぶして、ドイツのラインメタルMG131一三ミリ機関銃二梃を備える、動力式の半球形銃塔を取り付けた、三座の改造型J1N1-Fを試作している。十三試双戦の失敗要因だった動力旋回銃架を、確実に作動する方式に換装して、十八年も後半の時期に遠距離戦闘機の夢をふたたび追ったのではない。記号の末尾の「F」が意味する観測機に、使えないかという試考の結果だ。

艦隊決戦時の弾着状況を通報する任務のこの機種には、艦載の零式観測機があった。敵艦からの来襲機と戦えるように、かなりの運動性をそなえていたが、しょせんは鈍足の水上機で、火力も七・七ミリ機銃三梃（うち一梃は旋回式）しかない。この程度の機材が敵襲をしのげる時代は、とうに去っていた。

陸上基地専用のJ1Nでも大きな航続力を生かして、交戦海域あるいは射撃目標地

上：試作観測機型の1機。二式飛行艇一二型胴体上部のものと同じ一式大型動力銃架二一型を装備している。除去または未装着の機銃は、九九式20ミリ二号固定四型か一号旋回四型のどちらでも可能。人物は昭和19年に夜戦操縦員を務める水木泰少尉。下：こちらはより早い時期の試作と思われる観測機型。十三試大型攻撃機「深山」の胴体上部に用いられた川西航空機製Ｄ式動力銃座（仏SAMM社製銃架を改良）を装備。同銃座の空力特性を調べる目的だったとも思える敗戦後の厚木基地で、第49戦闘航空群の将校ジェイムズ・Ｐ・ギャラガー氏が写した。

域へ進出可能な場合が少なくない。運動性の不足は銃塔の火力で補えば、そこそこの戦闘力を有する観測機に仕立てうる、との算段だった。

九九式二〇ミリ二号銃一梃の一式大型銃座をふくむ数種の半球型銃塔が用意され、それにともない電信席の形状や窓にも異なった改修が施されて、少なくとも十数機が試作されたようだ。だが、直径が一・二メートルほどもある銃塔は当然ながら乱気流を生じさせ、バフェッティング（空気流による振動）に悩まされるなど、空力的《くうりき》マイナスが大きかった。したがって観測機型が実現したとしても、二式陸偵と同じような理由ですぐにお蔵入りの処置がなされただろう。

中島でのJ1N1の完成機は、十八年十月に入ると前月の一・五倍の一八機に増え、十一月には二〇機をこえる。増加の原因はかんたんで、需要が増したためだ。「月光」を装備する部隊が、二五一空のほかに二個航空隊できたからである。

**夜戦搭乗員の養成組織**

昭和十八年（一九四三年）四月に開隊して以来、厚木航空隊は零戦装備の錬成部隊だった。神奈川県の東寄り、高座郡にある厚木基地を使用する厚木空は、鎮守府に所

消耗が激しい南東方面へ零戦搭乗員を補充するための訓練が、厚木空で進められる。左手前の二一型は空母「瑞鶴」搭載機だったようだ。爆風で関東ローム層の赤黒い土ボコリが上がる18年の夏。

属する本土の練習航空隊とは性格が異なり、ラバウルに司令部がある十一航艦の直率《じきそつ》部隊だった。つまり、ソロモン航空戦の激しい消耗をできるだけスムーズに埋めるための、零戦搭乗員の補充部隊なのだ。同じ目的で、陸攻搭乗員を錬成する豊橋航空隊が愛知県にあった。

零戦定数四八機（うち補用一二機）の厚木空に、新編される夜間戦闘機錬成隊の付加が決まり、六月下旬に準備が始まった。

戦いが受け身に転じた今、敵の攻勢の激化につれて夜間空襲の頻度《ひんど》も高まるに違いない。これに対抗するには、夜の防空に必須の夜間戦闘機の数を増やさねばならず、それには搭乗員の育成が不可欠だ。ただし、その性格上、多数はいらないから大がかりな専門組織を新編する必要はない。また対象にされるのは、すでに他機種の実用機教程を終えた者なので、できれば練習航空隊よりも錬成航空隊内に育成組織を併設したい。

二五一空司令としてラバウルにいた小園中佐は、夜間戦闘機戦力の増強の必要性を、所見として六月二十日付で軍令部へ送っている。したがってタイミングからしても、この夜戦搭乗員育成組織の新編に、彼の力が大きく作用しているのは間違いない。この時点で十一航艦に所属し、他に例を見ない戦闘機錬成部隊である厚木空のなかに、育成組織を設けるのは自然な成りゆきだった。

やられて気がつく、泥縄式パターンがほとんどの日本軍の対応にしては珍しい、手ぎわがいい処置のおかげで、本来ならもっともたつくはずの夜間戦力の整備が、十八年のうちに進み出したのだ。

「月光」定数一二機（うち補用三機）の夜戦錬成隊が、七月一日付で厚木空に付属した。同日、十一航艦の戦力増強のため航空戦隊が入れ替えられ、厚木空は豊橋空とともに第五十一航空戦隊を構成して、北東方面（北海道、千島列島、樺太《からふと》）担当の第十二航空艦隊に編入された。上部組織が変わっても、零戦および夜戦搭乗員を錬成する厚木空の任務に変わりはなかった。

設備が整わない厚木空に、主力の零戦とはまったく訓練様式が異なる夜戦錬成隊がまじれば、手狭なうえに混乱をきたす。そこで野戦用に、広くて余裕がある千葉県木更津基地が指定され、以後は厚木空・木更津派遣隊と呼ばれた。

厚木空の司令は艦上機操縦員出身の山中竜太郎大佐、飛行長は戦闘機乗りだった八木勝利少佐だが、実際に木更津派遣隊の指揮をとるのは分隊長で偵察員の岡部助中尉だ。だが岡部中尉は、開隊一週間目の七月七日に事故で、老練操縦員の曽我一一《かずいち》少尉とともに殉職し、葬儀の弔辞《ちょうじ》を読みにきた兵学校同期（六十八期）の児玉秀雄中尉が、後任として八月十三日に着任した。

厚木空・木更津派遣隊の指揮所で錬成員たちが歓談する。
こちら向きが分隊長兼派遣隊長の児玉秀雄中尉（操縦）。

夜間戦闘機はできたばかりのカテゴリーなので、木更津派遣隊の錬成員の多くは艦攻や水上偵察機、陸攻からの転科者で占められていた。だが、分隊長の児玉中尉も二座水偵操縦員だった。だが、飛行練習生を終えたばかり（これから本格的に実用機に乗る）の者もおり、彼らが初めての生え抜き夜戦搭乗員の立場を得た。

九月までに厚木空に来た第一期錬成員の経歴は、おおよそ次のとおり。

▽操縦員

艦隊（巡洋艦以上の軍艦）の水上機搭乗員：操練と甲飛五期、丙飛四期までのベテランおよび中堅

艦攻搭乗要員：飛練を終えたばかりの乙飛十五期と丙飛

▽偵察員

艦隊の水上機搭乗員：操縦員に同じ

飛練卒業者：飛練を終えたばかりの乙飛十五期と甲飛九期

錬成員の階級は飛曹長から飛長までと幅があるが、経歴などをある程度そろえたのは、訓練の円滑化をはかったためだろう。また中堅以上と新人とに分けて戦地の需要に沿いやすくした点も、評価されていい。飛行経歴が長く、仕上がりが早かった水上機出身者の一部は、十八年十月にラバウルの二五一空へ転勤していく。前章の後半で述べた「夜戦搭乗員訓練部隊からの新入隊員」がこれだ。

そして翌十一月には、セレベス島ケンダリーの第二〇二航空隊へ、原田義光飛曹長

—堀内鋭一二飛曹、畑尾哲也上飛曹—山田南八《なんぱち》上飛曹の二個ペアが赴任していった。このうち畑尾上飛曹だけは、甲飛六期の出身で、飛練を卒業して一年二ヵ月後に木更津派遣隊に来た。この時点で艦攻の操縦経験が一年半あるという、第一期錬成員の〝規格〟からはみ出した履歴の持ち主だった。

二〇二空は前身の第三航空隊のときから、主力の零戦隊のほかに偵察機の分隊をもっていた。石油の施設を空襲にくるB-24に対抗しようと、この分隊に九月一日付で丙戦を付加。とりあえず自隊で搭乗員を育て、続いて木更津派遣隊で技術の習得を終えた本格派を転入させたかたちである。

この二〇二空の夜戦の活動と、その後の状況については、第六章の後半で詳述する。

### 飛行訓練が始まった

厚木空・木更津派遣隊は逐次「月光」を、中島飛行機の小泉製作所へ取りにいき、横須賀・追浜の航空技術廠で斜め銃や無線機を装着した。機体はメーカーで作るが、兵装と艤装の付加は海軍側が受けもつのが通例である。

最多時には二〇機まで増える派遣隊のJ1N1のなかに、中島の「月光」完成機の不足から、二式陸偵が二〜三機、球形銃塔装備型が一機まじっていた。

水上機から転科する操縦員は、まず陸上機の離着陸から始めねばならない。フロートから主脚への転換訓練には、どうやっても失速に入らないと言われたほど操縦しやすい、ドイツのビュッカー「ユングマン」を国産化した、二式基本練習機が用いられた。「水上機から陸上機へは移れても、その逆は無理」との相場どおり、面倒でデリケートな水上機の離着水にくらべれば、離着陸は楽だった。彼らの多くは二式基練を三〜四時間経験すると、「月光」の操訓にかかった。

操練出身のベテラン操縦員のうち、めずらしく陸上偵察機から転科の馬場康郎上飛曹は、離着陸時の安定性不良と視界の悪さで知られる九八陸偵一一型を、乗りこなしていたためか、「月光」を特に難しい機とは感じず、単発機から双発への移行にもさほど手こずらなかった。

水上機転科者のうちでは、「三日もやればなれる。水偵よりも楽」という陶三郎《すえ》上飛曹の意見がある一方で、「双発機はいやだった。『月光』は重くて沈みが大きく、やりにくい」との原通夫《みちお》二飛曹の声もあり、評価が分かれた。操練五十三期と五十一期出身のこの二人は、双発機への操縦適性は水準以上にあって、やがて異なった戦場で「月光」を駆って抜き出た戦果をあげる。

どんな飛行機にも感覚の個人差は付きものだが、九月一日付で分隊長に補任された児玉中尉も「操縦の難しい飛行機」と感じたように、「月光」を与《くみ》しやすいと見る操縦員は少なかった。離着陸のさいの安定がよくないのは、十三試双発陸戦の開発時に航空本部の要求を受けて、十二試艦戦／零戦と同等の運動性を盛りこもうとした空力面での努力が、裏目に出たためと思われる。

18年12月、木更津基地での1期錬成員たち。前原真信飛曹長（操縦）と用具袋を持つ有木利夫上飛曹（偵察）がトラックを背に立ち、荷台の上で深見一二二飛曹（偵）が訓練中の機を見上げる。台上右は飯田保二飛曹（操）。

実用開始から三年以上たった昭和十八年秋の時点で、「栄」は完全に整備員の手のうちに入り、安定しきったエンジンの評価を得ていたけれども、双発なので故障の確率が倍増するためか、「月光」の動力関係の不調は少なからず生じた。これに、離着陸特性と新機材への不なれがあいまって、訓練中の事故発生がしばしばだった。

十月下旬、昼間の飛行訓練に

初めて出る首藤二飛曹操縦の二式陸偵は、エンジン不調で離陸後すぐに失速し、そのまますべりこんだ。同乗の偵察員・深見一二《かずじ》飛長が顔面に軽傷を負ったほかは、飛行機が壊れただけで、この種の事故としては最小限の被害ですんだ。

また十月二十一日には、着陸態勢に入った近藤一飛曹操縦の「月光」のエンジンが突然に停止し、後席の有木利夫上飛曹は接地のさい喉《のど》と顎《あご》をつよく打った。戦艦「金剛」の三座水偵から転勤してきた有木上飛曹は、偵察員として充分なキャリアをもち、十月末のラバウル進出が予定されていたけれども、打撲により声を出せず横須賀の海軍病院に入院したため、取りやめられた。ただし、この事故は機材の故障が原因で、操縦ミスが招いたものではない。

偵察員にとって「月光」の後席は、居住性は悪くなかった。深見飛長は「後席はせ

冬期飛行作業の合間に1期錬成員がくつろぐ。手前左から山崎静雄上飛曹（偵）、上野良英一飛曹（操）、甘利洋司飛曹長（偵）。後ろは原通夫一飛曹（操）、宮崎国三一飛曹（偵）。出身がみな異なる。

10月21日にエンジン停止で水田地帯に胴体着陸した近藤一飛曹―有木利夫上飛曹の「月光」一一型。尾翼のR3が厚木空を示す。斜め銃は付けていない。

まくなく、何時間乗っていても苦しくない。斜め銃を撃って伝わってくる震動もさほどではない」と評し、有木上飛曹も「乗り心地がよく、作業をしやすい」とじきになじんだ。

木更津派遣隊の「月光」による訓練は、操縦員が昼間の慣熟飛行と定点着陸から、偵察員が昼間の航法・通信と洋上航法から始められた。ついで、それぞれが黎明《れいめい》、薄暮、夜間飛行へと課程を進めていく。薄暮よりも黎明が先なのは、飛んでいるうちに明るくなって、飛行作業に対応しやすいからだ。

夜間飛行はまず単機、それから編隊へと進むが、水偵乗りにはひととおり経験ずみだった。彼らにとって目新しいのは、接敵と斜め銃射撃が組み合わさった攻撃訓練である。

## 小園中佐がアドバイザー

広い木更津基地はいろいろな部隊が使っていて、少ないときで九、多いときには一二もの所轄が入り乱れた。主戦場の南東方面では、米戦闘機の威力に対応しがたくなってきたころだ。昼間攻撃では落とされに行くに等しい陸攻隊を中心に、攻撃用機を使う部隊では主戦法を夜間および薄暮攻撃に移しつつあった。木更津にいる各部隊は熟練搭乗員が少ないから、どこも夕方の訓練時間をほしがった。

夜戦装備の厚木空・木更津派遣隊にとっても、薄暮が必須の時間帯なのは言うまでもない。ぜひとも確保すべきなのだが、交渉の場に出てくる他隊の代表者は、司令、副長クラスの中佐以上で、木更津派遣隊長の児玉中尉とは階級に大差があった。だが中尉は臆せず、どうどうと論陣を張って薄暮訓練をつらぬいた。納得してゆずった他隊の首脳たちも、階級差を笠に着る態度は見せなかったそうだ。

いくつもの事故にもめげず、夜戦隊の戦力補給源をめざす訓練は続き、十月からは第二次錬成員の受け入れを開始。昭和十九年一月までに木更津に集まった第二期の経歴は、

▽操縦員

飛練教程を終えた乙飛十五期出身の陸攻搭乗要員

▽偵察員
飛練教程を終えたばかりの甲飛十期、乙飛十六期と丙飛十七期
（注：搭乗機種については、操縦員は飛練の後半の実用機教程への移行時で決まるが、偵察員は飛練終了段階で指定される）

木更津派遣隊の「月光」一一型が南房総の沿岸上空を訓練飛行中。この機も斜め銃は未装備だ。

に定められていて、操・偵ともに新人の錬成に一本化された。続いて十九年三月にやってくる次期の錬成員は、二飛曹以下の新人が主体だった。

しかし、このとき厚木空は第二〇三航空隊へと改称され、外戦用実施部隊へと変わっていた。木更津派遣隊はそのまま、新編成の第三〇二航空隊に編入され、彼らは三〇二空付（三〇二空の隊員）の命令を受けたうえで、第三期錬成員として訓練に従事する。

木更津派遣隊で「月光」を習ったのは兵から准士官までで、兵学校出身の将校に予備と特務も加えて士官は一人もいなかった。その主因は、士官

がまじると階級上、少尉以上の教官を配置せねばならないが、「月光」に慣熟した士官搭乗員が数えるほどしかいない状況では、実現不能な人事だからだ。少尉以上の「月光」乗りの養成は、後述するように実施部隊で進められる。

ラバウルから帰った斜め銃の発案者・小園中佐は、横須賀鎮守府付のまま十月十日付で厚木空付を兼務した。厚木空司令部のアドバイザー的な役についた小園中佐の関心は、主力の零戦隊よりも、自身が創設を意見具申した木更津派遣隊の方にあったのはもちろんで、木更津基地を訪れてラバウルの経験談を錬成員たちに披露し、戦法んの解説や精神訓話を怠《おこた》らなかった。話の中心に置かれたのは当然、斜め銃である。中佐の斜め銃万能論の訓話は、やや行きすぎたきらいもあったが、この兵器の価値を知る冷静な児玉中尉は、錬成員たちが過度な期待を抱かないよう、あとであらためて説明を捕捉した。

小園中佐の厚木空付兼務は十二月一日までの五〇日間で終わり、木更津派遣隊がふたたび中佐と関わりをもつのは、さらに三ヵ月後の三〇二空開隊のおりである。いずれにせよ、彼の進言が生んだ派遣隊の錬成員たちは、各夜戦隊に赴任して基幹員を務め、戦力の維持と向上に確固とした成果を残すのだ。

## 自力で錬成の三二一空《さんふたいち》

厚木空・木更津派遣隊が第一期錬成員の訓練を昭和十八年十月一日、新編航空隊としては初めての夜間戦闘機専門部隊に指定された、第三二一航空隊が開隊した。三二一空は、厚木空のように地名（航空基地名）を冠した練習／錬成航空隊とは異なって、「ナンバー航空隊」と呼ばれた三桁数字の実戦用部隊である。

三二一空は第一航空艦隊司令部の直属部隊とされた。遅ればせながらの航空主兵思想に基づき、七月に編成され決戦用航空兵力をめざす一航艦に、逐次編入されていく新編航空隊には「虎」「龍」「鵬《おおとり》」「雉《きじ》」「豹《ひょう》」「鷹」など動物の名を別称に用いており、三二一空は「鵄《とび》」部隊と呼ばれた。トビはタカ科の猛禽《もうきん》類で、鳶とも表記する。

三二一空の飛行機隊は横須賀基地、同じく基地隊は千葉県茂原《もばら》基地で、それぞれ開隊初日から編成に取りかかった。基地隊とは整備科や主計科に司令部もふくんだ地上勤務組織の総称で、書類上の部隊の開隊基地は茂原である。司令には水上機操縦員出身の久保徳太郎中佐、飛行隊長には艦爆操縦員だった下田一郎大尉が補任されたが、定数二四機（常用一八機、補用六機）の小規模航空隊なので、副長と飛行長は欠員とされていた。

飛行機隊はとりあえず五機をそろえ、横須賀基地は狭くて混んでいるため、厚木空

18年11月ごろ木更津基地に敷いた三二一空の列線。左から二式陸偵改造の銃塔付き試作観測機、「月光」一一型、九九艦爆一一型。

の派遣隊と同じ木更津基地で訓練を開始。この五機は「月光」一一型ではなく、二式陸偵の各型、すなわち球型銃塔装備型、動力銃座の試作／増加試作型、生産型の三種だった。これは、増加発注された「月光」の完成が間に合わないための応急措置で、空技廠から（横空からも？）とりあえず機材をまわしてもらったようである。

「月光」一一型は開隊半月後の十月十五日に最初の一機がもたらされ、十一月一日の使用可能機は「月光」六機、二式陸偵四機と、いちおう訓練に差し支えない数に達した。十一月中にさらに「月光」八機が加わり、保有機はほぼ定数を満たす。

実施部隊とはいえ、三二一空の搭乗員の誰もが「月光」未経験なのだから、まず転換訓練の第一歩から始めねばならない。厚木空・木更津派遣隊が搭乗員を他部隊へ供給するのが任務だったのに

三二一空の幹部搭乗員。座るのは左から飛行隊長・下田一郎大尉（操）、分隊長・横田元来中尉（操）。後ろは左から森勇少尉（偵）、升巴求己少尉（操）、久米秀夫中尉（操）、不詳、瀬戸口淳飛曹長（偵）。全員がマリアナ航空戦で戦死する。

対し、三二一空は自隊の搭乗員を自前で作り上げるのだ。

すでに戦果をあげている二五一空が採算ベースに乗った企業だとすれば、厚木空・木更津派遣隊は職業訓練所、三二一空が利益（戦果）を求めて開業したばかりの会社、といったところだろう。

艦攻、艦爆からの転科が多い三二一空の中堅以上の搭乗員は、すぐに二式陸偵で飛行訓練にかかった。しかし、飛練を出たての若年者には、双発なので重くていきなりには乗りこなせず、横空から借りた九九式艦上爆撃機を飛ばして、再訓練に入った。同じ複座の九九艦爆は、固定脚で頑丈なうえ安定性もいいので、夜戦隊や偵察機隊で練習用によく使われた。

三二一空でも事故は起きた。十月二十八日には木更津基地での操訓中に、分隊士・田村袈裟雄《けさお》少尉の操縦の「月光」または二式陸偵が墜落、偵察員の勝俣《かつまた》高明一飛とともに殉職した。

田村少尉は予学十期の出身で、艦爆の実用機教程を終えてすでに七ヵ月たっており、単純な操縦ミスが原因とは考えにくい。エンジンか機体の故障で落ちたか、あるいは乗機が銃塔型で、そのバフェッティングを制しきれなかったのかもしれない。彼の後任には、同期でやはり艦爆専修の升巴求己《ますともともとみ》少尉が選ばれ、大分県の佐伯航空隊から転勤してきた。

トラブルには意外な原因もあった。のちに離着陸直後のエンスト機が出たので調べたところ、燃料の汚れが判明し、全機の飛行を止めてタンクを洗浄実施する事態をまねく。「月光」のエンジン故障のなかには、この種の燃焼不良、送油不良がふくまれていたはずだ。

二式陸偵の量産機完成からちょうど一年。このころにできた「月光」には動力系統のトラブルはともかく、機体に関する故障頻度は減っていた。

大正十五年（一九二六年）に海軍に入り、整備の特技章を付けてからすでに一五年の清水守美少尉は、水上機装備の内戦部隊・串本航空隊から転勤してきて、整備長・小島貞夫大尉のもとで掌整備長を務めた。「『月光』は整備しやすい、いい飛行機だった。〔中島の〕小泉飛行場へ受領に行って、試飛行に同乗しても、計器精度に不具合がある程度だったが、油圧関係の故障はたまに出て、脚の出し入れができない場合もあった」と現場整備の超ベテランは回想する。

香取基地に移動後、搭乗前に偵察要員へなされる航法に関した指導。航空図板が置かれている。

　実用機の兵装・艤装は海軍航空廠が担当するのが一般的なケースだ。この点で三二一空はちょっと変わっていて、横須賀鎮守府の軍需部から斜め銃用の機銃をもらってきて、部隊の兵器整備員が装着したという。二式陸偵にも隊内で斜め銃を取り付けて、「月光」に自主改修している。手不足の廠側の認可を受けていたのだろう。

　十一月二十五日、飛行機隊は横須賀から千葉県香取に本拠地を移し、先にいた同じ一航艦所属で偵察の一二一《いちにいいち》空・雉部隊と同居した。訓練はここで本格化する。

夜戦搭乗員がどのくらいの期間で一人前の技倆に達するのか、三二一空の転科・錬成過程を例にとってみると、操縦員の平均値は次のとおり。

▽ベテラン—約二ヵ月で夜間戦闘が可能

▽中堅—約二ヵ月で昼間戦闘が可能

▽新人—約三ヵ月で昼間戦闘が可能

新人、つまり若年操縦員の場合、「月光」の単独飛行ができるまでに二ヵ月近くかかっている。

偵察員については、ベテランの場合はごく短期間で夜間戦闘に移行でき、中堅、新人とも昼間戦闘可能までが操縦員より一ヵ月ほど短い。もちろん操縦、偵察とも、慣熟へのペースに個人差があるのは言うまでもない。

夜間にしろ昼間にしろ「戦闘可能」とは、「戦闘に必要な、いちおうの機動ができる」程度のレベルを意味しており、実戦で戦果をあげられるまでにはさらなる練磨が必要だ。優秀な夜戦搭乗員の養成はかんたんではなかった。

「彗星」かY二〇（のちの陸上爆撃機「銀河」）に乗りたかった甲飛十期出身の大貫《おおぬき》忠二飛曹は艦爆の飛練教程を終えるとき、教員から「鵄部隊は『月光』だ。お前、長生きするぞ。夜しか飛ばないからな」と言われて、同期生一八名で香取基地に着任した。教員の言葉とは裏腹に、三二一空は半年あまりのちに、夜戦各隊のうち最も悲惨な結末を迎える。

### 飛行場を襲う

ここでラバウルの二五一空に話をもどそう。

ラバウルの北に細長いニューアイルランド島がある。その北西端に位置するカビエン基地に、進級したての先任分隊長・浜野喜作大尉の指揮で、「月光」一一型二機を派遣した。

ソロモン諸島をほぼ手中に収めた米軍は、ついでビスマルク諸島の攻略を計画。グリーン諸島（十九年二月十五日に上陸）、およびニューアイルランド島（上陸作戦中止。三月二十日に北西のエミラウ島を占領）獲得への布石として、米第5航空軍がカビエン基地に空襲をかけ始めた。「月光」二機の派遣はその対抗策だった。

カビエンでの上空哨戒は十一月九日に、鈴木由夫二飛曹―浜野大尉のペアにより始まった。以後、一日あたり一～二機が上がり、おもに午前三時すぎから午前五時ごろにかけての未明の哨戒飛行を続けたが、十二月中旬まで敵影を見なかった。下旬に入ると、操縦が山野井誠上飛曹、偵察が澤田信夫飛曹長または川崎金次一飛曹のペアが、しばしば敵機を発見したけれども、月がない暗夜に探照灯の数も少ないなど環境が悪く、さらに「月光」の低速が加わって、年末まで一度も捕捉できなかった。

十二月の「月光」の可動数は、ラバウルで三〜四機、カビエンで二機の場合が多かった。ラバウルへはB-24D/J重爆のほか、オーストラリア空軍のブリストル「ボーフォート」双発爆撃機なども来襲したが、カビエン派遣隊と同様まったく捕まえられなかった。そればかりか十二月七日未明の上空哨戒では、分隊長・小野秀喜中尉―森下勝男飛曹長のペアが墜落。二人とも戦死して、二五一空にとって一ヵ月半ぶりの搭乗員損失を生じた。

森下飛曹長は着任してわずか三日目。小野中尉にしても「月光」操縦のキャリアはごく短く、二人ともこれが初めての作戦飛行だった。視界がかんばしくない曇り空が災いしたとの判断にもとづき、「天候不良のため墜落」で処理されたが、離陸後二〇分ほどで姿勢の維持不能におちいる気象に遭《あ》ったとは思いにくい。

森下飛曹長は厚木空・木更津派遣隊からの転勤で、彼をふくめた五名が実施部隊行きの第一号だった。この七日に同時に哨戒に上がった長谷川邦茂飛曹長―光岡光春上飛曹のペアも、木更津から来たのだが、二時間にわたる初の作戦飛行を無事に終えて降着している。この点から、小野中尉機の墜落は機材の故障か操縦ミスが原因の事故と推定できる。

ラバウルの本隊は十二月中に、基地の上空哨戒、敵輸送船および魚雷艇攻撃のほか、あらたにニューギニア東端部付近の飛行場に対する夜間攻撃を実施した。

第一回は十二月十三日。午後九時まえに来襲したB－25十数機が爆撃を終えると、林英夫飛曹長―保科強兵上飛曹と徳本正一飛曹―光岡上飛曹の二機がただちに発進し、去りゆく敵機を追跡する。敵が飛行場に降りるところを襲おうというのだ。ドイツ空軍の第2夜戦航空団（NJG2）の双発大型夜戦が英本土の基地上空に侵入し、着陸待ちで旋回中の英爆撃機を撃墜したのと、同じ考えの戦法である。

カビエン基地に作られた二五一空の粗末な搭乗員待機所。

離陸した「月光」は二手に分かれた。林機はグッドイナフ島へ、光岡機は北東のキリウイナ島へ向かう。

ソロモン海戦の陽動任務で腕と度胸のほどを示した林飛曹長は、夜空に目を走らせて、まもなくB−25の最後部機を発見し、これについて南下。いったんは見失ったけれども、グッドイナフ島の飛行場に近づいたところで、ふたたび機影を認めた。敵機は脚を下ろして旋回しつつ、B−25の発光信号と同じように保科上飛曹が翼灯を点滅させると、地上から応答の灯火が光った。

ここで脚を引きこめスロットルレバーを押しつけてエンジン全開。滑走路にそった駐機場をめがけて、飛曹長は下方銃を撃ちっ放しで航過し、六番（六〇キロ爆弾）四発を投下する。まばらな地上砲火の反撃を尻目に、飛行場で二ヵ所、宿舎地帯に一ヵ所の火の手が上がるのを見とどけて、ラバウルへ機首を向けた。

キリウイナへ向かった光岡機も、第一飛行場に四発の六番を落として二ヵ所を炎上させ、防御火網をくぐり抜けて帰ってきた。

つぎは十二月二十四日の未明。岡戸茂一飛曹—光岡上飛曹と山内巌一飛曹—金子健次郎上飛曹の二個ペアが、ブーゲンビル島のタロキナ第一飛行場に時間差攻撃をかけた。

離陸後一時間二〇分で点灯中の飛行場上空に達した金子機は、タイミング的に奇襲のかたちをとれて、六番三発を投下し、下方銃を撃って火災を起こさせた。しかし、それから五〇分後、敵の邀撃態勢が整ったのちに侵入した光岡機は、猛烈なサーチライトと砲火を浴びた。それでも四五分間にわたってくり返し飛行場上空に突入、下方銃一八〇発を放ち、夜戦搭乗員の意地を見せている。

三回目、二十八日の未明には林飛曹長と菅原嶼中尉のペアが長駆、東部ニューギニアのフィンシュハーフェン第二飛行場を襲撃。このときも奇襲の状況を得られて、敵の反撃は少なく、六番四発、下方銃一八〇発の銃爆撃を成功裡に終えてラバウルにもどった。

その二日前、十二月二十六日の早朝に、米軍はニューブリテン島西端のツルブに上陸を開始。零戦と九九艦爆の戦爆連合で攻撃をかけたが制圧できず、多勢に無勢の守備隊も防衛不能のまま侵攻を許した。

単機で敵上陸地点の付近を攻撃に向かった徳本一飛曹―岡田保上飛曹の「月光」は、薄暮の海上を航行中の敵輸送船三隻を見つけ爆撃にうつったが、三回くり返しても爆弾が離れず、やむなく銃撃だけを加えて機首を返した。

二十八日の夜にも山内一飛曹―金子上飛曹機がツルブを銃爆撃。以後、大晦日《おおみそか》まで連日のツルブ爆撃を試みたけれども、天候不良で行き着けなかった。ツルブはニューブリテン島東端のラバウルから約四五〇キロ（ほぼ東京～神戸の距離）、敵は南東方面の日本軍根拠地の喉もとまで迫ったのだ。

40名あまりの二五一空カビエン派遣隊員のうち、19年初めの搭乗員はこの3個ペア6名。手前左から派遣隊長・浜野大尉、澤田飛曹長。後ろ左から陶三郎上飛曹（操）、須藤八繁一飛曹（操）、山野井上飛曹、川崎金次一飛曹（偵）。少数精鋭の感がある。

## 「カタリナ」との同航戦

昭和十九年（一九四四年）の正月を、二五一空はラバウルとカビエンで迎えた。

ラバウルへの昼夜間の空襲は、あいかわらず頻繁《ひんぱん》だった。主目標にされる東飛行場での被爆を防ぐため、一月二日から十八日まで主力の三機を市街の南に位置する西飛行場に移し、ブナカナウ派遣隊と称して上空哨戒を続けさせた。

しかし、さいさき悪く、移動初日の夜、敵襲の警報を受けて発進した鈴木由夫二飛曹—山崎逸義一飛曹機は、「月光」に起こりがちな離陸直後の墜落により炎上、二人とも助からなかった。作戦飛行時の落命なので、扱いはもちろん戦死である。

前章で述べたように、すでに十一月中旬から米第5航空軍のB－24JやB－25Dは日本軍の夜戦を警戒し、低速の「月光」では捕捉が難しくなっていた。ラバウルには早期警戒用の一号一型、対空射撃用の四号一型といった地上用レーダーはあったが、敵編隊の捕捉はできても、夜戦を敵機の位置まで誘導しうる精度も支援機器材もない。投弾ののち一目散に危険空域から逃げる敵機を、遠くから見つけたところで「月光」では追いつけないのだった。

黎明時に二五一空の「月光」一一型がカビエン基地に帰投した。戦果を得られたのだろうか。

だが、半年前の工藤重敏上飛曹や小野了飛曹長らの連続撃墜を、この苦しい状況のもとで再現した、秀でた武運の操縦員がいた。前年十二月に厚木空・木更津派遣隊から着任した最初の転勤グループの一人、三座水偵から転科の陶《すえ》三郎上飛曹である。

陶上飛曹は、操縦練習生は五十二期の工藤上飛層より一期あとでも、昭和十二年に海軍に入隊の同年兵だった。彼がラバウルに着いたとき、工藤上飛曹はマラリアを発病して飛行作業に出ていなかった。草加中将からもらった武功抜群の軍刀を磨きながら「もう〔敵機は〕落ちないよ」と言う。カビエンを襲う敵機はラバウルより少ない。「内地から来たばかりだから、カビエンで訓練がてら邀撃しろ」の命令で、十九年の元旦の夜からここで飛び始め、その日のうちに敵機を二度見つけたが捕捉できなかった。だが闘志あふれる陶上飛曹に、勝利の女神はほほえんだ。

一月三日、情報により午後八時まえに離陸した陶機は、八時四十八分にコンソリデイテッドPBY－5「カタリナ」双発飛行艇を見つけた。後席は十三試双戦以来の偵察員、川崎金次一飛曹。高度二〇〇〇メートルを飛ぶ敵の、後下方に占位する。PBYも「月光」に気づき、艇体の後下部から防御機銃を出して撃ってきた。

二機は撃ち合いながら飛んだ。だが、PBYの七・六二ミリ弾と「月光」の二〇ミリ弾とでは、威力が格段に違う。初交戦で目がなれない陶上飛曹に代わって、歴戦の川崎一飛曹が右翼の付け根に食いこむ射弾と発火を確認。海面に突入する敵機を、カビエンの陸軍部隊が見とどけていた。

四〇分後、PBYをもう一機発見する。数発の命中弾は致命傷におよばず、撃墜には至らなかった。発進から二時間後に基地に帰った陶機には、果敢な空戦のなごりの三〇発をこえる被弾が認められ、中破と記録されるほどの撃たれようだった。小口径弾なので傷が浅く、飛び続けていられたのだ。

ニューギニア東端沖のサマライ島を基地にする第34哨戒爆撃飛行隊のPBY-5A「カタリナ」飛行艇。「ブラックキャッツ」の別称どおり全面黒一色だ。1～2月の撮影。

これらのPBY－5A飛行艇は米海軍哨戒飛行隊の所属機で、夜間の作戦飛行を主にするため機体全体を黒く塗って「ブラックキャッツ（黒猫隊）」と自称した。東部ニューギニアに基地を置き、ソロモン海で小規模ながらねばりづよく、船団攻撃や基地爆撃、不時着水クルーの救出にあたっている。

意思強固だが実直な陶上飛曹の「落としたのは一機」の言葉とは異なり、二五一空司令部は戦果を「撃墜二機。うち一機不確実」と記録した。

海軍功績調査部・航空班では作戦単位ごとに、手がらを表わす総合評点をA～Dの四段階につけ、単機行動が基本の夜戦は一機ずつに評点を付される場合が多かった。二五一空については、敵機を一機でも落とせばAが与えられ、敵基地に銃爆撃を加える危険任務に成功してもC、という基準があって、撃墜はひときわ高く評価されていた。

二ヵ月ぶりの撃墜戦果に喜んだ司令部が、「一機に命中弾」の報告を希望的に判断して「不確実撃墜」に嵩《かさ》上げしたものと思われる。ともあれ、文句なしの評点Aをとった陶―川崎ペアに、司令部からビール一ダースが特別支給された。皆で分け合って飲んだ陶上飛曹は、逆に「このぐらいでビールが出るようでは、だめだ」と冷静な感想をいだいている。

けれどもビールは、本来なら出されないはずの代物《しろもの》だった。陶兵曹たちが撃墜と思った敵機は、落ちていなかった。

第34哨戒爆撃飛行隊のPBY搭乗員は、斜め銃の射撃を、小島の対空陣地からの攻撃と誤認。激しい被弾によって機長が戦死したが、副操縦士のビル・レイビス中尉が「カタリナ《キャット》」を、ニューギニア東端部の水上基地まで飛び帰らせた。この日、同飛行隊には未帰還機はなかったようだ。

## トラック崩壊

二五一空は昭和十九年一月十八日、ラバウル西飛行場のブナカナウ派遣隊を東飛行場にもどし、一〜二機により夜間上空哨戒を続行。陶機のPBY撃墜後、思い出したように時おり敵機を認めたけれども、追いかけるうちに見失うのがせいぜいだった。二十日の未明には、幾たびもの殊勲を記録した工藤上飛曹―菅原中尉の名コンビが、西飛行場、ラバウル市街、ニューアイルランド島の各上空で敵爆撃機の機影を見つけ、あるいは爆弾の炸裂により敵在空の確証を得たが、探照灯が取り逃がしたり、敵機に航法灯を消されたりで、接近すらかなわなかった。

一月二十六日の午前、F6F-3「ヘルキャット」艦戦、SBD-5「ドーントレス」艦爆の合計八〇機（日本側判断）の空襲を受けて、東飛行場に置いてあった「月光」一機が炎上し、三機が被弾（修理可能）した。当座の実働戦力がなくなったため、浜野喜作大尉指揮の二機・一二名のカビエン派遣隊を即日、呼び返した。

連日の邀撃や非力ながらも進攻に死力をつくしていた第二十六航空戦隊の零戦隊、艦爆隊は、第二航空戦隊の母艦機一〇〇機の来援を受けて、一月下旬に戦力回復のため、内南洋のトラック諸島に後退した。

この応援の一〇〇機が一週間とたたずに半減してしまうのだから、もはや南東方面は手当ての施しようがない瀕死《ひんし》の重傷と言えた。そのうえ、一月末の米軍のグリーン諸島上陸により、北を除く三方をふさがれた状況にいたり、絶対国防圏確立のための持久戦が不可能におちいったのは歴然だった。

陸攻隊が主戦力の第二十五航空戦隊に属する二五一空も、司令部をトラックに下げて、厚木空・木更津派遣隊からの転勤搭乗員を訓練しつつ、戦力回復をはかる方針が一月末日付で決定。翌二月一日からトラックが本隊、ラバウルは派遣隊に変わった。三日以後、飛行長・園川大大尉、分隊長・菅原中尉らがトラック諸島の竹島へ移動を開始する。ここで二五一空本隊は二十五航戦に所属のまま、数日前ラバウルからトラックに退いた二十六航戦司令部の指揮下に入れられた。

二月七日には竹島から二〇キロ西の楓島《かえでじま》基地へ本拠地をうつし、十日に厚木空・木更津派遣隊から転勤の小板橋博司飛曹長ら一二名が着任。彼らが乗ってきた「月光」六機も受領した。交代するように、十三試双戦からの生え抜き搭乗員である小野、澤田両飛曹長、金子上飛曹の三名は厚木空付（指導基幹員）の辞令を受けて、五日に船でラバウルを離れた。一〇日あまりのちのトラック環礁の惨状を見なかっただけ、彼らは運がよかったと言える。

一方ラバウルの派遣隊では二月十日ごろまでに、先任分隊長・浜野大尉、林飛曹長ら主力搭乗員をトラックに派遣し、機材受け入れと厚木空からの転勤者の教育にあたらせた。

東部ニューギニアとソロモン諸島を手中に収めた米軍は、中部太平洋の攻略を進めるとともに、マリアナ諸島奪取の布石として、連合艦隊の根拠泊地、航空基地がひしめくトラック諸島をつぶしにかかる。二月上旬に日本軍を玉砕に追いこんだ、マーシャル諸島のメジュロ環礁を整備。ここを泊地に集まった、空母九隻（五八〇機搭載）を擁する強大な機動部隊・第58任務部隊は、十二～十三日に抜錨し、要衝トラック諸島をめざした。

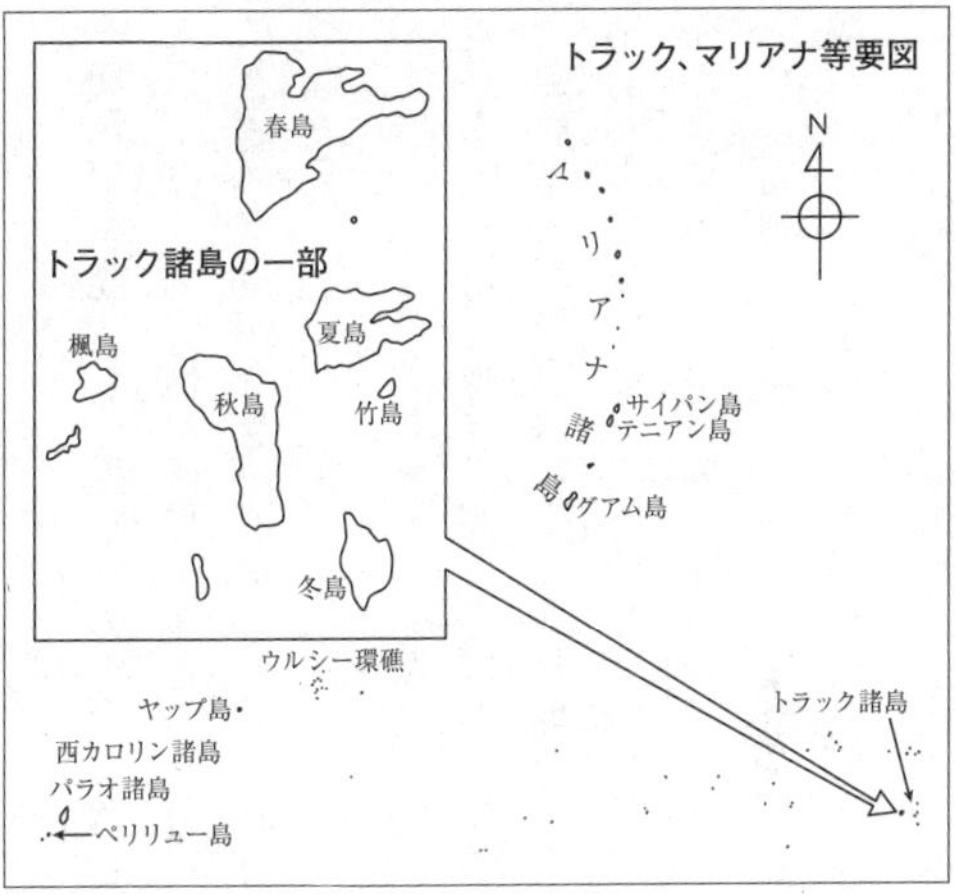


日本海軍は二月十五日に敵艦上機の通信を傍受して、空母群のトラック接近を予想したが、翌十六日の朝に出した索敵機が艦影を見なかったため、警戒態勢を解いて通常配備にもどした。それまでトラック諸島は、一度も空襲を受けていなかった。

二月十七日の午前四時半ごろ、トラックのレーダーは接近中の大編隊を捕らえた。空襲警報を発令し、邀撃への配備に移行はしたけれども、トップ組織の第四艦隊司令部以下は、来襲機を四発重爆と読んでいた。だが、レーダー波に感応したのは、未明に五隻の空母がトラック東方一七〇キロの海域から放った、F6F－3艦戦六九機だった。

トラック上空に現われた小型機群を見て、驚いたときにはもう手遅れ。あわてて滑走路を蹴った零戦は上がるそばから撃墜され、在地機は黒煙と炎に包まれていった。

楓島の二五一空は新受領機を加えて、九機の「月光」をもっていた。いちおう日の出前から乗機のそばで待機していた搭乗員は、いったん指揮所にもどり、空襲警報がかかって急いで飛行場に駆け付けたところに、F6Fの大編隊が姿を現わした。

ごった返すなかで午前五時十五分、かろうじて「月光」二機が離陸できた。うち一機の後席は十三試双戦以来の夜戦乗り、川崎一飛曹。厚木空から転入したての搭乗員に「絶対に高度をとるな」と命じ、海面すれすれに南のモートロック諸島まで避退する。トラックから上がる煙を確認ののち、午前八時半に楓島上空に帰ってきた。

もう一機は七時すぎに無線連絡を断った。一〇日前に着任した、厚木空から転勤の山内上飛曹―剣持三男一飛曹が搭乗していて、避退後いったん楓島の上空に帰ってきたが、敵戦闘機が残っていて「着陸マテ」の布板が出ていた。これを見てふたたび飛び去ったのち、トラック北方空域でＦ６Ｆに捕まって撃墜されたのはほぼ確実だ。

九波におよんだ空襲は、午後五時まで続いた。

空母「イントレピッド」の「アベンジャー」攻撃機から見た被爆のトラック諸島。左が夏島、すぐ上の煙がかかる小島が竹島、右下が秋島。楓島はその左下で画面外にある。北北西方向からの場景。

川崎一飛曹が乗って、唯一助かった「月光」は、燃料補給後に別のペアが空中避退させ、正午過ぎに三たび避退に成功したが、午後一時二十分に帰投後、さらなる空襲に引っかかり失われた。これで自爆（被墜）一機、炎上六機、大破二機を出して手持ち機は全滅。人員については、未帰還の二名のほかに、飛行長・園川大尉ら二名が地上で戦死した。

米艦上機は翌十八日の午前にも来襲。ラバウル再進出をめざして集まりつつあった在トラックの航空兵力の大半、二七〇機が残骸と化し、艦船も四一隻が沈んだ。この損失を埋め合わせるだけの余力も再度の敵襲をはばむ防衛能力も日本にはなく、中部太平洋の最重要基地はたんなる大型環礁になり下がった。どうじに、手前みその希望的観測で固めた絶対国防圏構想も、あえなく崩壊したのだった。

## マリアナ諸島で邀撃戦

トラック諸島を襲った大波の余波は、内地にいた「月光」の実施部隊・第三二一航空隊にも押し寄せた。

千葉県香取基地で訓練を続けていた三二一空・鵄部隊は、十九年二月一日付で第一航空艦隊直属から、一航艦司令長官の麾下に新編の第六十一航空戦隊に編入された。この時点で一航艦の守備範囲はマリアナ諸島を中心とする中部太平洋で、ちかぢか六十一航戦のマリアナ進出が予定されていた。

ところが三二一空の内実は、戦闘即応の状態からはかなり遠かった。二月一日の可動数は、「月光」一一型が一三機(ほかに整備または修理中四機)、二式陸偵各型二機(同三機)で、不足気味なのはなんとか埋められるとして、問題は搭乗員にあった。

一月末の操縦員は三九名、偵察員が三三名の合わせて七二名。このうち、夜間の作戦飛行ができるA組は操縦五名、偵察四名だけ、昼間戦闘可能のB組が操縦七名、偵

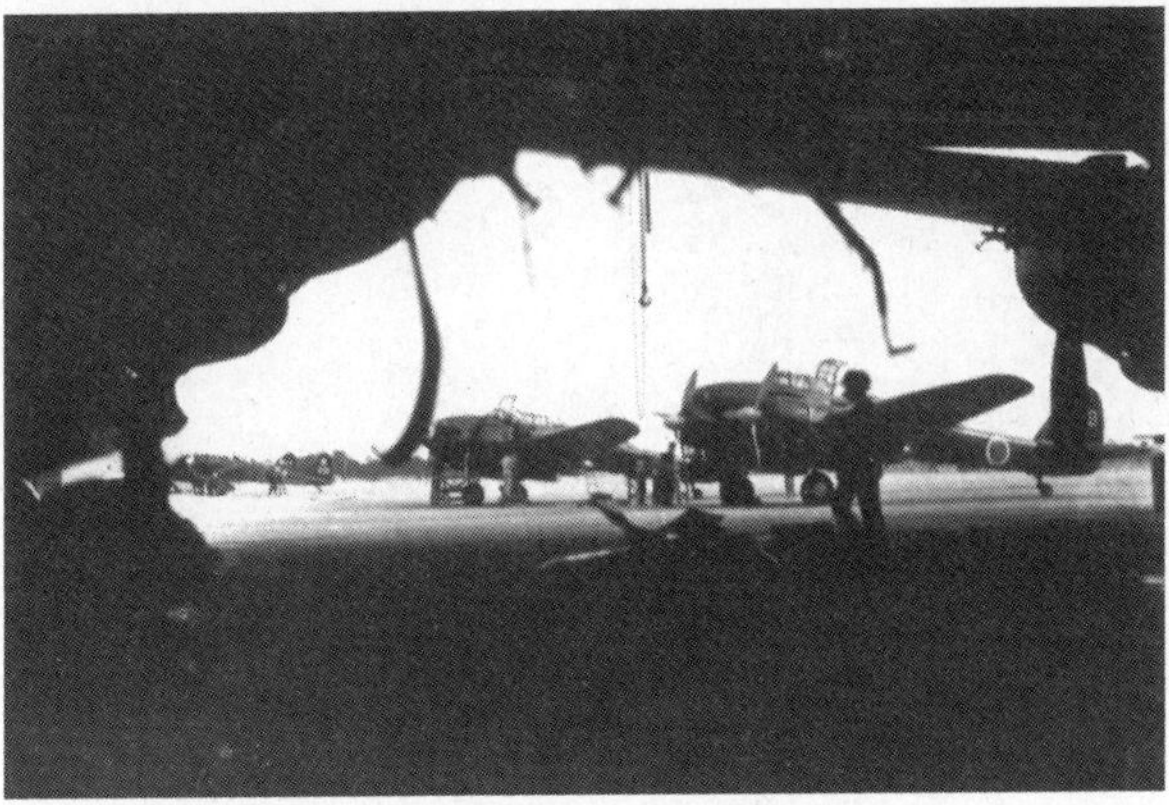

三二一空の香取基地における装備機材。手前の2機は塗装がまったく異なるがどちらも「月光」一一型で、左遠方は離着陸訓練用の九九艦爆二二型だ。

察五名だ。全体の七割を占める残りは、ようやく「月光」の単独飛行を許されたC組だった。つまり、各組の人数の割合は十二月上旬の場合と変わらないのだが、全体の技倆水準は確実に上向いており、手本がない初めての当初からのナンバー空としては、訓練内容を模索しながらよく努力したと言える。

三二一空が全力で戦地へ出るまでには、あと四～五ヵ月、少なくとも三ヵ月は時間がほしい。しかし戦局の変化は、それだけの猶予《ゆうよ》を与えてくれなかった。

二月十七日の早朝に「敵艦上機群トラック来襲」の報が入ると、連合艦隊司令長官・古賀峯一大将は、六十一航戦一部戦力の即日マリアナ進出と、逐次の全力進出を命じた。トラックから北西へ九百数十キロのマリアナ諸島が、数日中に機動部隊の攻撃を受ける可能性があるからだ。

二～三日前からマリアナ方面への前進準備を進めていた三二一空では、急いで進出員の選抜にかかり、飛行隊長・下田大尉の指揮のもと、A組とB組の合計九個ペアを、下令当日のうちに香取基地からテニアン島へ向かわせた。胴体内に整備員一名ずつを乗せた九機の「月光」一一型は、対潜哨戒に留意しながら中継地の硫黄島をめざす。

一二〇〇キロの行程のほぼ中間、鳥島の上空で一木《いちき》茂二飛曹―横堀政雄二飛曹機の右エンジンから滑油がもれ出し、まもなく焼き付いてプロペラが止まった。甲飛十期と乙飛十六期、二十歳前後の若いペアだから、上達が早くてB組に入ったとはいえ、さぞ肝を冷やしたに違いない。森勇少尉機が近寄って「ワレニ続ケ」の手先信号を示したが、片舷飛行が難しい「月光」では追随しきれず、鳥島の二キロ沖に不時着水。

着水時のショックで気を失った胴体内の平手整長を、横堀二飛曹が横抱きにして鳥島に泳ぎ着いた。三名とも命びろいはしたけれども、食料がない。わずかな鳥の肉と卵、貝を分配して二六日間を生き抜き、嵐で島に吹き寄せられた漁船に助けられたときには、体重が半分ちかくにまで減っていた。父島経由で横須賀の海軍病院に入院し、体力を回復して香取基地に帰ってきたのは四月である。

彼らがおもむくはずだったマリアナ諸島では、激戦が待っていた。一木―横堀機は行方不明とみなされ、八機は硫黄島に到着。着陸時に一機が大破し、搭乗ペアと便乗の整備員は重傷を負った。残る七機は二月二十日テニアン島に到着。この日に香取を発った第二陣の五機も、同じく硫黄島を経由して翌二十一日にテニアンにやってきた。

テニアン島の第一飛行場で走行する三二一空の「月光」一一型。斜め銃付きだが、前部固定風防内に三式小型照準器は装備されていない。機体全体が黒に近い暗緑色。

合計一二機の三二一空テニアン派遣隊は、地形偵察をかねて対潜哨戒を始めた。香取の本隊に残っているのは、ほとんどがC組搭乗員だけである。

連合艦隊総司令部の予想は当たり、トラック諸島を攻撃後の第58任務部隊は、洋上で給油を受けてマリアナへ向かっていた。索敵の一式陸攻は二月二十日未明に、西進する大艦隊を発見。二十二日午前の、敵艦隊テニアン東方八三〇キロの報告で、マリアナ来攻は決定的とみなされ

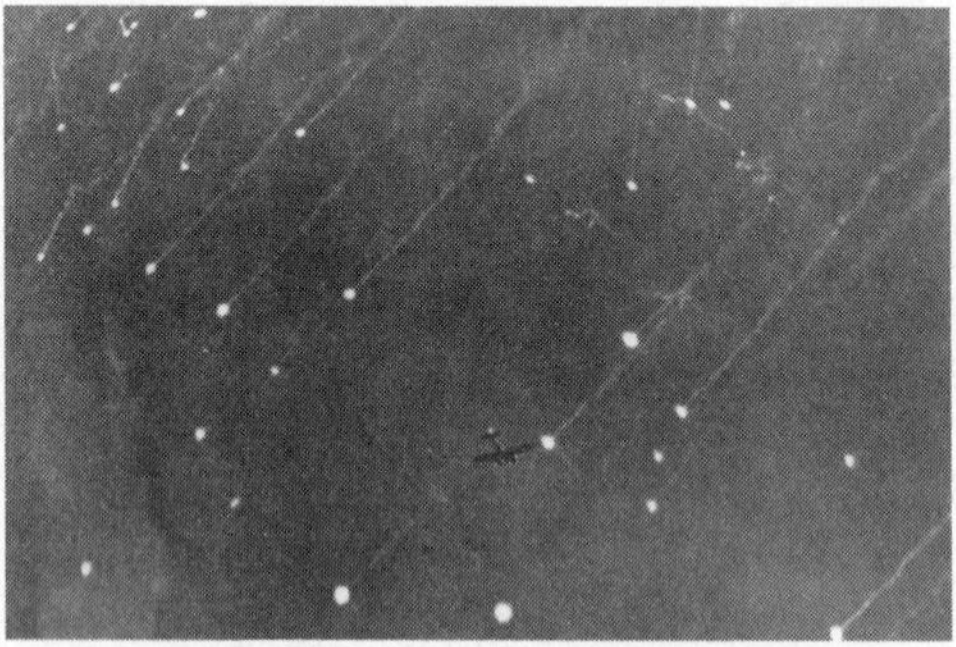

22日、第58任務部隊の上空に達した三二一空の「月光」は二十五番三号爆弾を投下した。弾子が散開して黄燐の光を放ちつつ落ちるさまを、敵は「花火のようだ」と形容した。

た。一航艦司令長官・角田《かくだ》覚治《かくじ》中将は、まだ整わないマリアナの航空戦力による機動部隊攻撃を命令。テニアンを発した一式陸攻は、二十二日から二十三日の夜にかけて三次の雷撃戦をいどみ、濃密な弾幕にはばまれて六割以上の五〇機ちかくを失った。

二十二日の夜、テニアン派遣隊の「月光」と、やはり香取基地からテニアンに進出した一二一空の二式艦偵に、翌日黎明の索敵攻撃が命じられた。

二月二十三日の午前四時十五分から、下田大尉指揮の「月光」五機は二十五番（二五〇キロ爆弾）二発を胴体下に付けて、単機ずつ角度をずらして東の洋上へ発進していった。

このうち一機は、別動の攻撃隊のために電探欺瞞紙を散布後、サイパン島の北東空域でＦ６Ｆと空戦に入り、被弾でエンジンが止まって、サイパン島の水上〔機〕基地の近くで着水した。ほかの三機は機動部隊を見つけて投弾ののち、それぞれがF6Fと交戦した。鈍重で斜め銃しか持たない「月光」ではF6Fと戦いようがなく、分隊長・横田元来《もとき》中尉機をふくむ二機が未帰還、もう一機はテニアン南方海で不時着水した。

残る一機は中川義正二飛曹—菊池文夫二飛曹の乙飛十六期ペア。他機が空母に投弾するのを見たあと、弾幕をついて直下の大型艦に降下爆撃を加え、命中を確認せずに超低空を避退した。グアム島上空まで来てF6F編隊と出くわし、後ろにつかれた中川二飛曹は「月光」では困難な宙返りをうったが頂点で失速、きりもみに陥《おちい》ってしまった。ところがこれが幸いし、敵機は中川機を落としたと思いこんで去っていった。

燃料の残量がとぼしいため、空襲が終わりきらないテニアン島に強行着陸。被弾で片車輪がパンクしており、「月光」は回されて森に突っこんだ。機体は壊れたが、基地に帰ったのはこの中川—菊池ペアだけだった。

「月光」が積んだのは、対重爆出編隊用の二式二十五番三号爆弾一型だった。三二一空の任務を考えれば、大型爆弾の在庫が空対空用なのは当然だが、敵艦に対しては有効な結果を得られない。

一時間早く発進した一二一空の二式艦偵五機のうち、二機がそれぞれ二群の機動部隊を見つけたうえ、全機とも無事に帰投した。

両隊の成果および損害のいちじるしい差は、「月光」と二式艦偵の性能差に加えて、夜間攻撃が専門の夜戦隊を昼間の索敵攻撃に出す、まずい運用に起因する。どちらも偵察員が乗っているのだからと、もっとも危険な機動部隊を探しに行かされたのではたまらない。一航艦司令部の航空をろくに知らない参謀が、数さえ出せば、と考えてひねり出した作戦だったのか。

索敵機の出動ののち、敵艦上機の主力がサイパン、テニアン両島に来襲した。三波の攻撃は正午すぎまで続いて、地上にあった「月光」七機のうち六機を燃やされ、一機は被弾だけですんだ。したがって、三二一空テニアン派遣隊一二機のうちで使えるのは、この被弾機一機だけに激減。出撃搭乗員に戦死五名、負傷二名を出して、ほぼ壊滅状態の落ちこんだ。

マリアナ諸島の海軍機は、二日間の空戦で約五〇機が消え去って、一航艦の先遣兵力のほとんどが失われた。対する第58任務部隊の損失は、わずかにF6F5機、TBF/TBM「アベンジャー」艦攻一機にすぎない。

同じマリアナ諸島のグアム、ロタ両島には、少数の艦上機が飛来しただけである。しかし、それで充分だった。今回のマリアナ侵攻での彼らのねらいは、空襲よりもむ

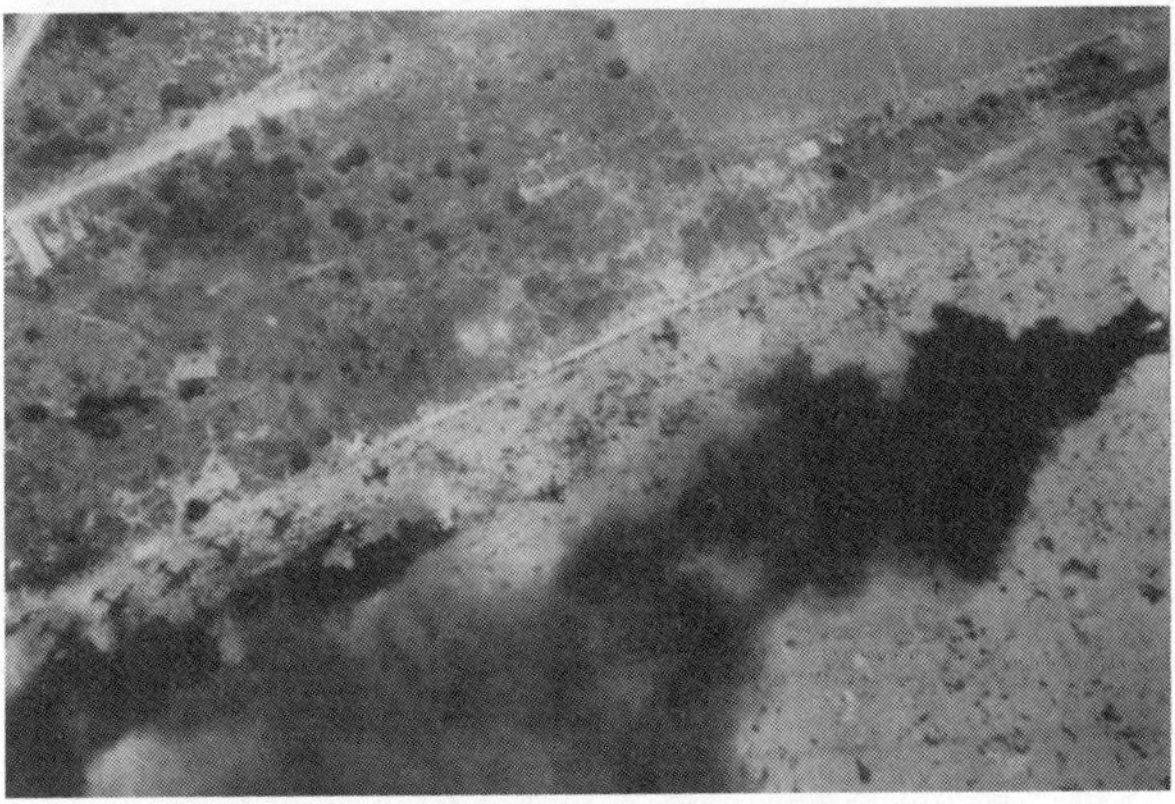

テニアン第一飛行場が空襲を受けている。左下の列線5機が三二一空の「月光」、右上へかけて散らばる10機ほどが一二一空の二式艦偵。

しろ、来るべき本格攻撃に備えての主要各島の写真偵察にあったのだから。

## 厚木空、実戦用組織に

内地にあったもう一つの「月光」隊、同じ千葉県内の基地を使う厚木空・木更津派遣隊のその後のようすを見てみよう。

既述のように、厚木空は南東方面の十一航艦直属部隊として生まれたが、三ヵ月後の昭和十八年一月に十二航艦の第五十一航空戦隊に編入された。このとき十二航艦司令部は北部千島列島の幌筵《ほろむしろ》島にあり、厚木空もやがては実施部隊に変わって、北方へ進出する予定が立てられていた。

十九年二月中旬のトラック大空襲とそれに続くマリアナの航空戦で、本土方面に展開する一航艦各部隊のマリアナ進出が急がれた。一航艦戦力が抜けた穴を、まがりなりにも埋められるのは五十一航戦しかない。さらに、米軍の動きが活発化し始めた北千島を中心に、北海道方面への航空戦力進出は急務とされた。可能性は濃くなくても、米軍が北東方面で攻勢に転じた場合、日本本土たる千島列島を奪われてはならない。

こうした観点から、厚木空は二月二十日付で第二〇三《ふたまるさん》航空隊に改称され、純然たる実施部隊に変わった。五十一航戦に配属の他部隊もみなナンバー空に改められ、二〇三空をふくむ合計四個航空隊は北進の準備に取りかかる。

厚木空の「月光」錬成隊も、改称によって二〇三空・木更津派遣隊へ名を変えた。だが、本隊の零戦隊の任務が錬成から実戦へと大きく変化したのに対し、木更津派遣隊はこれまでと同じく、「月光」搭乗要員の育成と実施部隊への供給をめざし、第二期錬成員の仕上げを続けた。木更津派遣隊が厚木空の傘下に置かれたのは、あくまで便宜上だったからだ。

二〇三空の司令は、副長を兼務の山中竜太郎大佐。飛行長は二月初めに着任した西畑喜一郎少佐で、どちらも厚木空から引き続いての職務である。

昭和八年から九年にかけての第二十五期飛行学生を、二座水偵専修で卒業した西畑少佐は、空技廠飛行実験部で十五試水上戦闘機（のちの「強風」）や、零戦にフロートを付けた二式水上戦闘機のテスト飛行を担当。その経験からも「将来の戦闘機は航速第一、一撃必墜」と、水上機乗りらしからぬ斬新な信念をもっており、その後の特設水上機母艦「国川丸」の飛行長時代にも、魚雷艇狩りに新戦法を案出するなど、種々の実績を残してきた。

西畑少佐にとって、厚木空飛行長の職は〝仮住まい〟だった。大井航空隊の飛行長から厚木空に転勤するとき、「やがて新しく編成される防空戦闘機部隊の飛行長を務めてもらう。厚木空にいるあいだに、局地防空の研究をしてほしい」との内命を受けていたのだ。厚木空に着任した少佐は、保有の零戦七九機（うち可動五九機。二月一日現在）、「月光」一一型一二機（全機可動。同）の大部隊の運用状況をチェックしつつ、乙戦「雷電」と丙戦「月光」のデータを集め、局地防空の研究にかかった。

厚木空が二〇三空に変わって二日後の二月二十二日に、マリアナ諸島が米機動部隊に襲われた。トラック攻撃からマリアナ攻撃へと目標を北へ移してきた敵が、日本内地へ迫る可能性ありと見た大本営海軍部は、本土東方海面で迎え撃つ東号作戦の発動に備えて、東号作戦部隊の編成を下令。五十一航戦の各部隊もこれにふくまれ、二〇三空の零戦三六機は邀撃が容易なように、二十三日に厚木基地から木更津基地に移動し、「月光」の派遣隊と同居した。零戦の邀撃待機にならって、訓練を進める「月光」もそのかたわら、夜間の警戒任務についた。

米機動部隊の来襲を見ないまま二月は終わり、三月に入ってまもなく西畑少佐は、横須賀の小園安名中佐から「早く来い」との連絡を受けた。かねて内示の「新しい防空戦闘機部隊」の飛行長への転勤辞令が、三月一日付で出ていたのだ。三月六日、敵来攻の恐れなしの判断で東号作戦部隊の編成が解かれたのを機に、少佐は横須賀へおもむいた。

この新編組織こそ、のちに関東防空の雄・小園部隊、最強の防空戦闘機部隊として名をはせる、第三〇二《さんまるふた》航空隊だった。三〇二空は海軍で初めての本土防空専門部隊で、三月一日に横須賀基地で開隊した。

## 横空にできた夜戦隊

ところで三〇二空について述べる前に、さまざまに関係をもつもう一つの夜戦隊の誕生を記す必要がある。

「見敵必殺」「攻撃は最大の防御」をとなえ、守りを軽視する海軍は、これまで本土周辺海域の航空作戦と関係重要施設の防空を、哨戒や訓練が主体の内戦部隊と、一時的に内地に帰った航空隊に担当させてきた。本土上空の防衛は陸軍の受けもちだし、前線がはるかかなたにあったから、この程度の戦力で差しつかえなかった。だいいち、十七年の秋からは南東方面へ航空兵力の注入があいついで、本土方面の補強どころではなかった。

十八年の日本本土に対し、空襲を懸念させる要因が二つあった。米陸軍が試作機のテストを進め量産化をめざす超重爆ボーイングＢ－29と、威力を増して動きが活発化してきた米海軍の機動部隊である。

作戦行動に移れば難敵確実のＢ－29だが、十八年末の時点では、内地の重要施設を襲うだけの準備（部隊編成）や条件（飛行場など）は早急には整わない、と判断された。これにくらべて、防衛線の隙間をついて近海に接近しうる空母群は始末が悪い。警戒網を突破され艦上機群を放たれれば、あとは戦闘機で撃墜するしか空襲をはばむ手段はない。

敵がねらう可能性が高く、かつ海軍が守らねばならない地区は、横須賀、呉、佐世保の各鎮守府所在地とその軍港だ（のこる舞鶴鎮守府は日本海側）。戦闘機戦力がとぼしい内戦部隊でも、これら三鎮守府については別格の扱いがなされ、横鎮には横須賀基地の横須賀空戦闘機隊、呉鎮には山口県岩国基地の呉空戦闘機隊（呉空・岩国分遣隊）、佐鎮には長崎県大村基地の佐世保空・戦闘機隊が、それぞれ鎮守府直属で配置されていた。

十八年秋の戦闘機装備定数は、横空と佐空が二四機（うち補用六機）ずつ、呉空は三六機（同九機）で、機材はいずれも零戦。佐鎮と呉鎮は鎮守府の重要度に大した差がないのに、後者の機数が佐空の一・五倍なのは、戦闘機隊の歴史が古く設備も整っているからだ。

三つのうち格段に重要なのが横鎮である。各廠がすべてトップ規模でそろい、距離的に近い東京の海軍省と軍令部を合わせて、海軍の中枢を形成していた。それなのに、横空戦闘機隊の定数二四機はいかにも少なすぎる。その理由の第一は、敵の来襲をそれまでほとんど気にかけなかったためだ。第二には横空の任務の過半が、飛行機や装備兵器の実用実験と戦闘法の研究にあって、部隊内が機種ごとに分かれていたので、戦闘機隊だけを大きな規模にできなかった。

あらゆる実用機種の隊をもつ横空には、空対空の邀撃兵力として、ほかに定数一二機の水上戦闘機隊があった。装備機材の二式水戦は、アリューシャンやソロモン方面で対爆撃機攻撃や船団の上空哨戒にそれなりの能力を示したが、まともな戦闘機には対抗しがたく、十八年後半には「（水上）戦闘機」とは名ばかりの存在に追いこまれていた。

横空で実用実験のために装備した「月光」一一型。全体が黒に近い暗緑色に塗られ、これが「月光」の標準的な塗色とされた。

「戦闘機」としては有名無実化し、これ以上発展する余地が見えない水戦隊を、横空の組織からはずして、かわりに新しい機種の組織を加えるのは当然の処置だ。それが夜間戦闘機で、十八年十二月で姿を消した水戦隊と入れ替わって、十九年の元日付で定数一二機（うち補用三機）の夜戦隊をあらたに編入。隊長に兵学校六十八期、二座水偵操縦員出身の山田正治《まさはる》大尉が補任された。

このとき夜戦は生まれて八ヵ月。今後の発展を考えれば、調査や研究の材料はレーダー、機銃、新型機、戦法などたくさんある。任務遂行に新人の搭乗員をあてていたのでは効果が上がりにくいから、できればラバウルの二五一空で実戦を経験した中堅以上がほしい。

人事局での人選は一月のうちに進められた。二月中旬、厚木空・木更津派遣隊の第一期操縦員からの転入者と交代して、二五一空の一〇名ほどに転勤命令が出された。彼らのうち、横空付とされたのは、市川通太郎飛曹長、林英夫飛曹長、工藤重敏上飛曹、川崎金次一飛曹、徳本正一飛曹たち。一方、大沼正雄上飛曹、山野井誠上飛曹、岡戸茂一飛曹、須藤八繁一飛曹らは、ひと足さきに内地へ向かった小野了飛曹長、澤田信夫飛曹長、金子健次郎上飛曹のあとに続いて、厚木空・木更津派遣隊を新任地にした。

彼らは赴任先ごとに整然とトラック諸島を離れたのではなく、市川飛曹長はラバウルから「月光」を取りにきて二月十七日の空襲にぶつかり、さらにサイパン島でもう一度二十三日の空襲にやられてのち、工藤上飛曹らと横須賀基地へ向かった。トラックで新人を教えていた林飛曹長らは、空襲のあと、やはりサイパンで敵機の攻撃を受けて手荷物を焼かれ、九六陸攻で木更津基地に帰還。同行の岡戸一飛曹は厚木空付で、木更津派遣隊員に加わるのだから、ここで飛曹長らと別れた。

木更津派遣隊では小野、澤田両飛曹長のほかに、F4Uの地上衝突時にけがを負って十八年十二月下旬にラバウルを離れた、遠藤幸男中尉が錬成員を教えていた。また、林飛曹長は横空夜戦隊の分隊士に任じられたけれども、新型夜戦の飛行テストを受けもつため、すぐに空技廠・飛行実験部へ出向したから、市川飛曹長らとは再会しなかった。

## 生まれたての局地防空部隊

横須賀空の戦闘機がフル稼働しても、邀撃力は知れたものだ。夜戦隊が加わったところで対小型機戦闘はできないから、艦上機来襲のさいの戦力には使えない。ほかに参加可能な部隊としては厚木空があるが、横鎮所属ではなく、やがては北方へ出ていく予定の錬成部隊なので、あてにできない。

こうなると、横鎮と軍港、諸施設を守るために、新しい防空戦闘機部隊を編成するのが手っとり早い。十八年十二月から十九年一月のあいだに、この構想がまとまったようだ。

ただし、まだ米海軍と一戦を交えうる機動部隊をもち、トラック環礁への大空襲を受ける前の海軍が、さほど真剣に防空戦闘機部隊の必要性を感じていたとは思われない。それが十九年三月解隊の運びに至ったのは、斜め銃万能論をさけび、航空本部入りを望んで果たせなかった小園中佐に、適当なポストを用意するためだった可能性がつよい。

海軍航空全体への影響が少なくて、彼の動静を監視できる部隊、すなわち実戦に参加せず、関東地区を動かない航空隊を新編し、司令職を与えておけば、「海軍の戦闘機全機に斜め銃を付けろ」と言い出しかねない中佐の旺盛《おうせい》な行動力を、封じられると考えたのだろう。

結果的にこの人事は、三〇二空の本土防空戦における活躍の大ヒットを生み、そして敗戦直後の徹底抗戦という誤算につながった。海軍首脳部に二度の、正反対の驚きを与えるのだ。

思惑がらみで十九年三月一日に横須賀基地で生まれた三〇二空の、装備定数は乙戦「雷電」四八機（うち補用一二機）と丙戦「月光」二四機（同六機）。帳簿上の戦力規模は小さくないとはいえ、庁舎（司令部の建物）はなくて横空の指揮所を借りて代用、横須賀基地内にテントを張って乙戦隊の指揮所にあて、主力の「雷電」は一機もなし、というのが、開隊から二週間の様相だった。三〇二空新編について発想のおざなりさを知れるだろう。

司令部（本部）と乙戦隊にくらべれば、丙戦隊はずっとましだった。「月光」搭乗員錬成の木更津派遣隊を、北東方面へ出ていく予定の二〇三空から切り離し、そっくり三〇二空に取りこんで丙戦隊にしたからだ。ただし、木更津派遣隊員は三〇二空開隊と同時に転勤したが、派遣隊そのものは運用上の都合から、二週間後の三月十四日付で編入された。

三〇二空・木更津派遣隊の内容は、丙戦隊だけではなかった。二〇三空と同じく五十一航戦に属し、北へ出ていく艦爆部隊・第五〇二航空隊から、切り離された錬成が主務の偵察機分隊（定数一二機。主装備機は二式艦偵）が、三〇二空に編入され、千葉県茂原基地から木更津基地に移ってきた。この陸偵分隊の編入は、三〇二空にとっては庇《ひさし》を貸すだけの臨時の処置で、戦力単位にはふくまれないまま十二月まで部隊の一組織として存在した。また陸偵分隊長・菅原信大尉の方が、丙戦隊長（旧・派遣隊長）の児玉秀雄大尉より兵学校が四期先輩なので、あらたに木更津派遣隊長を務めた。

19年3月、木更津基地の格納庫前で第三〇二航空隊・丙戦隊の「月光」一一型を背景にした、第二分隊長・遠藤中尉のスナップ。

横空の指揮所を借りていた三〇二空の本部は、三月二十日から横須賀鎮守府の敷地内の建物にうつった。飛行機隊の基地には、二〇三空が北へ出たあとの厚木が考えられていたが、予定変更で三〇一空の零戦隊がしばらく使うため、三〇二空の移駐は五月からに延びる。

木更津基地の丙戦隊は、児玉

同じころ、広い木更津基地の一角で。左から整備士・廣瀬行二中尉と二五一空でならした澤田飛曹長。後ろは偵察分隊の小川飛曹長。遠方に整備中の「月光」が見える。

大尉と遠藤中尉を分隊長とする二個分隊編制がとられた。「月光」の整備分隊長は特務士官の山本茂中尉が務め、その下に機関学校（五十二期。兵学校の七十一期と同格《コレス》）出身の廣瀬行二《こうじ》中尉がいた。「三〇二空設立準備委員会」の肩書きで、二月下旬から木更津に来て開隊を待ち受けた廣瀬中尉は、整備主任（整備、兵器整備関係のトップ）の吉野実大尉、山本分隊長が着任するまで、彼らの任務を代行し、航空本部で「中尉あたりの来る所ではない」と言われながら、機材引きわたしの書類をもらった。

　小園中佐に呼ばれて引き合わされた遠藤中尉と、三月下旬から中島・小泉製作所へ「月光」を受領に出向き、領収時の整備から試飛行の同乗までを引き受けた。分隊長が着任するまでとどこおりなく、丙戦隊のバックアップを務めあげる。

「月光」の領収さきは小泉製作所が主体で、ほかに霞ヶ浦の第一航空廠、木更津の第二航空廠でも受け取った。広瀬中尉は整備面から見た「月光」を「あまりいい飛行機ではない」と感じた。とりわけ、湿りやすい点火栓、調速機や気化器の故障多発など、動力関係にトラブルがめだった。

### 三〇二空からの株分け

二〇三空から三〇二空に移っても木更津派遣隊にとって、錬成および他部隊への搭乗員の補充任務は生きており、三月のうちに二つの夜戦隊へ転勤グループが出た。一つは、木更津派遣隊が三〇二空に編入された翌日の三月十五日、千葉県香取基地で開隊した第三二二《さんふたふた》航空隊の夜戦飛行隊で基幹員とみなされた者たちだ。

一航艦・第六十二航空戦隊に配属の三二二空は、六十一航戦の三二一空についで編成された夜戦だけの航空隊で、偵察員出身の棚町整大佐が司令に補任された。六十一航戦の所属部隊が「鵄」「豹」など動物の別称を付けたのに対し、六十二航戦の方は「嵐」「光」「暁《あかつき》」「晃《あきら》」など自然現象にかかわる名詞を用いた。三二二空は「電《いなずま》」部隊と言う。

この部隊には開隊と同時に特設飛行隊制度が導入され、戦闘第八〇四飛行隊が付属

三二二空・戦闘第八〇四飛行隊が中島・小泉製作所で受領した「月光」が香取基に運ばれた。手前は士官搭乗員と整備士官。

した。

特設飛行隊制度とは、航空兵力の消耗と輸送能力の低下で、航空隊単位での移動が難しくなったため、航空隊司令部と飛行機隊を切り離し、戦局や状況に合わせて一個または複数の飛行隊（飛行機隊）を最も適切な航空隊司令の指揮下に随時編入する方式だ。それまでの飛行機隊は航空隊内の単なる区分にすぎなかったが、この制度の導入によって特設飛行隊に変わったのちは、整備員や兵器整備員など最小限の地上員をともなう、一種の独立組織に変わった。

特設飛行隊制度は十九年三月一日付で定められた。三月以降に開隊するナンバー航空隊には当初から取り入れられ、既存のナンバー空にも逐次に導入されていく。飛行隊の番号は戦闘機の場合、甲戦に一〇〇～三〇〇番台、乙戦に四〇〇～七〇〇番台、丙戦には八〇〇〜九〇〇番台が与えられた。しかし三〇二空や、のちにできる三三二空、三五二空の鎮守府所属の局地防空専任部隊は、根拠地が決まっていて他地域への移動がないため、原則的に特設飛行隊制度は適用されなかった（のちに三五二空には導入）。

三〇二空から三二二空・戦闘第八〇四飛行隊へ転勤したのは、かつての木更津派遣隊長で丙戦隊分隊長の児玉大尉、ラバウルで二番目の撃墜操縦員だった小野飛曹長、事故でラバウル進出をのがした有木利夫上飛曹ら。児玉大尉には戦闘八〇四飛行隊長の辞令が出された。

もう一つの転出グループは、二〇三空へのカムバック組だ。

二〇三空は北海道の千歳基地を経由して、北千島の占守島と幌筵島へ出ていく準備を、厚木基地で進めていた。両島へはアリューシャン列島から、米第11航空軍のB−24Dと米海軍爆撃飛行隊のロッキードPV−1［ベンチュラ］双発哨戒爆撃機が、夜間空襲をかけてくる。五十一航戦には二〇三空の零戦以外に邀撃用機はなく、零戦は夜は上がらない。来襲規模は数機が多く、邀撃空域も限られているため少数機を出せばいいが、夜間防空には「月光」が必要だ。

三月下旬、五十一航戦からこの話がもちこまれると遠藤中尉は、澤田飛曹長や金子上飛曹、岡戸一飛曹ら二五一空から転勤の実戦経験者だけで、派遣隊をこしらえる案を出した。だが、丙戦隊の基幹メンバーがごっそり抜けては、今後の戦力養成に支障をきたすのは歴然だ。小園司令は「古い者ばかり連れていくな！」と怒り、錬成修了者の前原真信《まさのぶ》飛曹長、馬場康郎上飛曹、佐藤忠義上飛曹の操縦員三名、甘利洋司飛曹長、田中竹雄上飛曹、宮崎国三一飛曹の偵察員三名を選出した。

彼ら六名は「月光」の搭乗歴こそ数ヵ月にすぎないけれども、陸偵や水偵ではベテランあるいは中堅のキャリアをもっていた。結局、三〇二空・北千島派遣隊としては扱われず、六名はふたたび二〇三空付にもどり、四月上旬に三機の「月光」に搭乗して、千歳基地へ飛んでいく。

二式陸偵に斜め銃を試装備してから一年とたたないうちに、「月光」は二五一空、厚木空／二〇三空、二〇二空、三二一空、横空、三〇二空、三二二空の七個航空隊に配備された。防御兵器である夜戦の需要が増したのは、それが有効な兵器と判断されたからでもあるが、日本の航空兵力が劣勢に展じ、受け身の立場に立たされた戦況を、如実に示す変化にほかならなかった。

# 4　マリアナをめぐって

## 残留機のがんばり

昭和十七年（一九四二年）八月の米軍のガダルカナル島上陸からあと、日本軍はいちども敵を押しもどせないまま、南東方面絶望の十九年を迎えた。

一月下旬に始まった、戦力回復をかねたトラック諸島への航空兵力の後退は、一月末のマーシャル諸島への空襲と地上軍の上陸、二月中旬のトラック被爆により、ラバウルからの撤収に様変わり。第二十五、第二十六航空戦隊の各部隊と空母の第二航空戦隊は、相次いでトラック経由で引き揚げていった。零戦隊が去った二月二十日から、ラバウルへの空襲に対する邀撃は高角砲だけが受けもった。最後に残った各機種合計二〇機あまりも、二十八日までにトラック諸島へ後退する。

この間にマリアナ諸島が空襲を受けたため、大本営海軍部および連合艦隊司令部は、敵の次の攻勢は中部太平洋（内南洋）、わけてもトラックをふくむ東カロリン諸島とマリアナ諸島、との判断をいっそう固めた。二月下旬のうちにラバウルの〝放置〟を決定したから、南東方面へ航空兵力が再進出する可能性は消え去った。

「銀翼つらねて南の前線」とうたわれたラバウル航空隊は、こうして消滅し、あまたの戦果をあげた第十一航空艦隊は、ほとんど名のみの存在に落ちぶれた。米軍に取り囲まれて、戦略面での価値を失ったラバウルは、戦術的にすら何の寄与もなしえない弱小基地になり下がった。

十九年二月のラバウル飛行場群には、多くの廃機が放置され、外形がまともな機でも補修と大がかりな整備をしないと飛べなかった。そんななかで、こっそり残された可動機と放置の故障機を修理した、約二〇機の零戦のほかに、四機の「月光」が生きていた。

十一航艦司令部のもとに、かたちばかりの状態で残った二十五航戦。第二五一航空隊は依然としてここに所属し、本隊がトラックの楓島、派遣隊がラバウルの東飛行場(第一基地)にあるのは、トラック空襲前と同じだった。可動の「月光」四機は二五一空ラバウル派遣隊の装備機。厚木空からの転勤で十二月初めに着任した、長谷川邦茂飛曹長が指揮をとっていた。

司令・楠本幾登中佐、分隊長の浜野喜作大尉と菅原典中尉の幹部三名がいる本隊はトラック大空襲のさいに手もち機材を全部失って、受け入れ準備中だった。したがって、ラバウル派遣隊の可動機四機が、三月なかばまで二五一空の全戦力なのだ。

ラバウルに艦砲射撃を加えてきた米艦隊を索敵のため、二月十八日の未明に一機が出たあと、派遣隊は三月初めまで作戦出動を手びかえた。午前中には戦爆連合の空襲がほとんど毎日あって上がれず、また少数の爆撃機が飛来する夜はたまにしかないのと、転入搭乗員の訓練が必要、本隊が新機を受け入れるまで機材を確保する、などの理由によるのだろう。

ひたすらひそんできた鬱憤《うつぷん》を晴らすかのように、出動再開の三月一日に二ヵ月ぶりで撃墜戦果があがった。操縦員は前回PBY飛行艇を屠《ほふ》った（実際は撃破）陶三郎上飛曹。

保科強兵上飛曹を後席に乗せた「月光」は、離陸から三〇分後の午後十時すぎ、B－24重爆一機を探照灯の光芒内に発見、追撃した。いったん見失ってまたすぐ見つけ、投弾を終えて離脱にかかる敵を全速で追いかける。高度は三〇〇〇メートルほど、わずかに機首を下げて逃げるB－24に上方銃の全弾を放つと、翼根から火が噴き出た。B－24は速力をひどく落として去ったので、撃墜は確実と判断された。

ついで三月十一日の午前零時三十分、光岡光春上飛曹とペアを組んでの飛行中に、

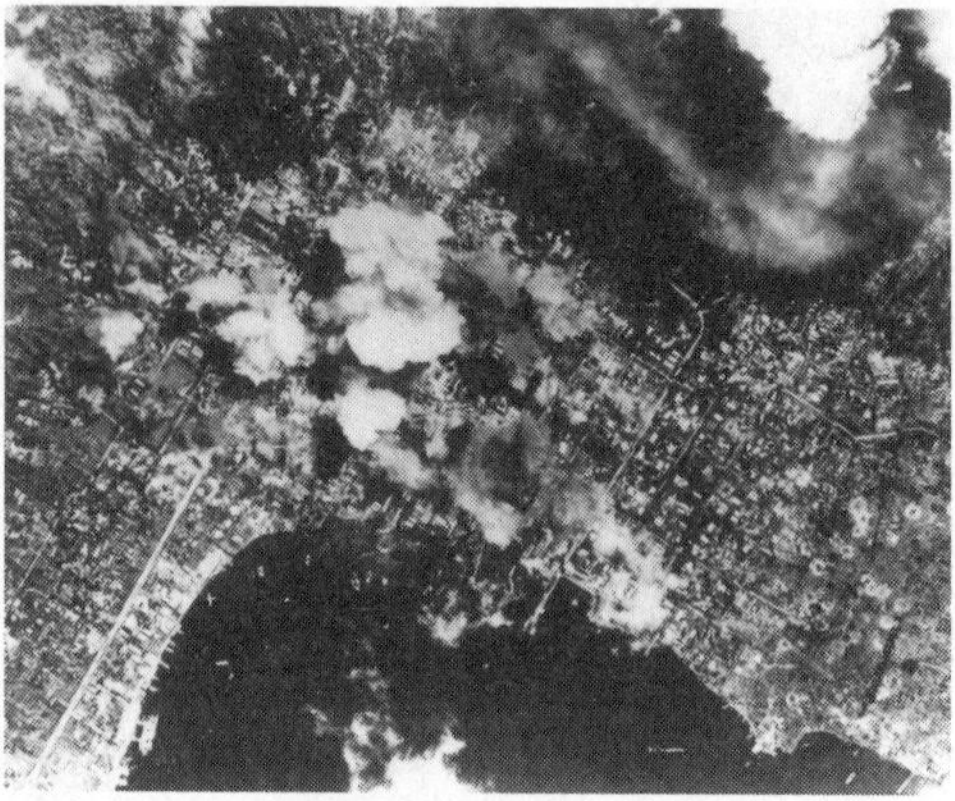

昭和19年3月22日のラバウル空襲。航空戦力を失った日本軍にとって組織的な抵抗はかなわず、活況を呈した市街の大半は破損、焼尽状態のようだ。

魚雷艇二隻を見つけて銃撃。効果のほどは分からないまま離れたのち、ラバウル湾口上空でB-24の機影を認め、一〇分間追いかけて後下方ぎりぎりの距離まで近づいた。「こんどこそ眼前で落としてやろう」と陶上飛曹が考えたからだ。

敵機の胴体全体に当てるため、彼は斜め銃を撃ちながら機首を小きざみに上げ下げし、弾丸を前後に流した。B-24はまもなく胴体から火を発し、三つに割れた機体が湾内に落ちていった。放り出されたクルーの一人を捕虜にでき、不時着にそなえて持っていた釣り道具などを押収。ラバウル派遣隊員たちはそのデラックスな装備に驚いたという。

この十一日、東飛行場へのひんぱんな空襲を避けて、派遣隊は一月に使っていた西飛行場（第二基地）にうつり、以後一機ずつで連夜のラバウル上空哨戒にあたった。

十九日の未明には、陶上飛曹―西尾治一飛曹が「ハドソン」双発爆撃機を追尾したけれども見失い、着陸時に不整地に脚を取られて転覆。「月光」は大破したが、二人はさいわい軽傷ですんだ。

三月二十六日の午前零時すぎには、長谷川飛曹長―保科上飛曹ペアがB－24とB－25一機ずつを撃破した。敵が日本の夜戦を知らない前年のなかごろなら、おそらく両機とも撃墜できたと推定しうるこの二機撃破が、「月光」のラバウルにおける最後の戦果である。

四月に入ると、南東方面航空廠が苦心のすえに修復した零戦も可動四機に減少。「月光」も空襲で壊されて、飛べるのは二機に減った。それでも二五一空ラバウル派遣隊はとどまり続けて、四月二十五日と二十六日にようやくトラックへ下がり、本隊に合流した。

三月末からは南東方面艦隊／十一航艦司令部もラバウルで地下壕にもぐり、現地自活を始めていた。ここに進出してちょうど一年のあいだに、夜戦隊の先駆は撃墜二十七機（うち確実二三機）、撃破五機を記録し、名高い基地の最後を見とどけて去ったのである。

## トラック上空で闘う

可動機がないトラック・楓島の二五一空本隊では、二月二十日に小板橋博司飛曹長の指揮で十数名の隊員が、陸攻改修の九六式輸送機に便乗し、テニアン島、サイパン島経由で内地へ新機受領に出かけた。残った隊員たちは飛行作業も整備作業もやりようがないので、手持ち無沙汰《ぶさた》にすごしていた。

三月九日、楓島基地からふたたび竹島基地に移動。四日付で陸攻部隊の第七五五航空隊司令へ転勤の辞令が出た楠本中佐は、八日にグアム島へ向けて発ち、ラバウルにいた零戦部隊二〇四空の司令だった柴田武雄中佐が十四日に着任した。

艦戦操縦員出身の柴田新司令は、飛行実験部の戦闘機主務部員だった少佐当時、横空戦闘機隊長・源田実少佐の格闘戦能力至上主義に、まっこうから異を唱えた、高速一撃離脱戦法の主張者だった。実施部隊の指揮官であり続け、思い込みがつよく、部下に慕われるなど、一機先輩の小園安名中佐と似た面がある。

新司令着任の翌十五日、特設飛行隊編制によって二五一空飛行機隊は戦闘第九〇一飛行隊に改編され、あらためて二五一空に所属し司令の指揮下に入った。また十六日には、内地から待望の「月光」一一型三機が竹島にもたらされた。新生二五一空にとって、まずまずのスタート状況だった。

小山に飛行場がはりついたようなトラック諸島・竹島の半分（南西部分）。右上に「軍極秘」の印が押され、その両側に「翔鶴」と「瑞鶴」が見える。

飛行隊長には二五一分隊長だった菅原大尉が補任された。先任分隊長の浜野大尉の方が一五年も早く海軍に入り、大尉進級も四ヵ月半早いのに職務のランクで抜かれたのは、彼が海兵団からの特務士官なのに、菅原大尉が兵学校出の現役将校だからだ。

新着「月光」は夜間の地上待機を続け、三月十九日の朝には警報が出されて空中避退。二十一日の未明、トラック環礁の南東に隣接した君島諸島の周辺を、潜水艦を探して一時間半ほど飛んだのが、初めてのまともな作戦飛行だった。

以後、毎晩二機が地上待機する。二十七日の夕方には環礁内の冬島のレーダー情報が入って、松本信幸上飛曹ら木更津派遣隊から来た二個ペアが発進したけれども、探照灯が少ないせいもあって空振りに終わった。

中部太平洋が担当区域の米陸軍・第7航空軍は、B-24二個航空群（五月から三個航空群）を使って、東カロリン諸島を襲い始めた。まず二月中旬から、トラック西方六五〇キロのポナペ島への空襲を開始。ついで三月十六日未明の夜間爆撃を手はじめに、ソロモン諸島を攻めのぼった第13航空軍と連係して、ギルバート、マーシャル両諸島からトラック諸島への空襲に取りかかった。

トラックに移動後の二五一空本隊にとって、邀撃戦らしい邀撃戦を初めて実行したのは三月二十九日。

冬島のレーダー情報を受けて、清重嘉明《きよしげよしあき》上飛曹―小板橋飛曹長と坪井行雄二飛曹―東《ひがし》実二飛曹の二機が未明に発進し、環礁の両端の上空で哨戒飛行に入る。四〇分ほどたって両機は、敵機から投下された目標照明用の吊光弾が輝くのを見た。だが、少ない探照灯では捕捉は無理で、機影すら視認できなかった。

中部ソロモンのニュージョージア島ムンダから、グリーン諸島を中継した第13航空軍のB-24による午前と午後の二度にわたる昼間空襲を、可動の「月光」二機は空中避退で逃れた。しかし、二十五日と二十七日にもたらされた「月光」三機、二式陸偵一機の計四機が地上でやられ、うち二機は大破と炎上で失われた。

夜に入ってまもなく、少数の敵重爆が来襲。避退して無事だった「月光」二機が邀撃に上がった。楓島の探照灯がとらえた敵を、松本上飛曹と進級したての菅原典大尉のペアが追ったけれども、B－24が光芒内にいる時間が短く、攻撃可能な位置まで近づけなかった。酒井譲上飛―徳山操《みさお》二飛曹機も目撃して追いかけ、射撃までもう一息のところで見失ってしまった。

翌三十日も、未明の邀撃出動、午前の空中退避、夜間の邀撃出動と、同じパターンがくり返され、戦果なく終わった。

木更津派遣隊から二五一空・戦闘九〇一に転勤し、着任早々にペアで夜間出撃した上野一飛曹（左。操縦）と井戸哲一飛曹（偵察）。トラック諸島・春島で4月に撮影。

しかし、かたちに表われない効果はあった。たとえば、夜に上がった二機のペア、鑓水《やりみず》源一飛曹長―岡田保上飛曹と上野良英一飛曹―井戸哲《さとし》一飛曹の四人は、木更津派遣隊を出て五日前に着任したばかり。そのうえ岡田上飛曹をのぞく三名は、この出動が初めての作戦飛行だった。敵は十数機がまばらに来襲するうえ、探照灯がわずかで、なかなか会敵できないトラックの夜空は、一人前の夜戦乗りを育てるのに、かえって好都合だったと言えよう。

このころ、二五一空本隊の即時待機の「月光」は二機、出動可能ペアは七組がふつうだった。そのうち、ラバウルで夜戦乗りを始めたキャリア組は、菅原大尉と対馬一次一飛曹だけで、残りの一二名は時期の差はあっても、厚木空／三〇二空・木更津派遣隊の出身者だ。ラバウル派遣隊も五名中三名がそうだから、二五一空搭乗員の木更津からの転入率は八割を占める。「月光」搭乗要員の錬成組織を進言した小園司令の考えは、まさに正解だった。

ようやく重爆にひと太刀を浴びせたのは三月末日。クェゼリン環礁を離陸した第7航空軍・第30爆撃航空群のB-24一四機は、トラック・夏島を目標に西進した。これを冬島レーダーが感知し、午後七時二十分に竹島から「月光」二機が発進する。一時間ほど哨戒飛行を続けた坪井二飛曹―対馬一飛曹機は、探照灯に浮き出たB-24を見つけた。

「月光」はやや高位からもぐりこんで後下方に占位し、じりじり接近し続ける。初めての空戦にはやる坪井二飛曹を機長の対馬一飛曹が制し、さらに近づく。「撃てっ！」の合図と同時に放たれた二〇ミリ弾は、ねらい目の主翼付け根からそれて胴体に命中。焼夷弾の炸裂で光ったが火はつかない。主翼中央部への命中弾も一〜二発では効果が現われず、敵機は主翼をいくらか傾けたまま光芒の外へ去っていった。

この「月光」は七・七ミリ弾も撃っているから、下方防御機銃を残した二式陸偵の斜め銃装備機だったようだ。結果は撃破でも、トラック移動後の二五一空本隊の初戦果として意義があり、続く撃墜への呼び水と称しえた。

## 零戦とともに夜空へ

米軍の作戦面でのトップ機構、統合参謀本部は一九四四年（昭和十九年）三月、ニューギニア北部から十一月にフィリピンのミンダナオ島へ向かう作戦と、六月にマリアナ諸島を奪取する作戦とによる、二方向からの日本攻略計画を固めていた。フィリピンの奪回は日本本土侵攻への足がかり、マリアナ占領は超重爆ボーイングB－29による日本内地空襲の基地として、どちらも必須の作戦だった。

マリアナ上陸にかかる前に、日本海軍航空にとって内南洋守備の要石《かなめいし》とも言うべきトラック諸島を、徹底的に叩いておかねばならない。第7および第13航空軍のB－24

マーシャル諸島エニウェトク島から第11爆撃航空群のB-24Jが離陸する。4月中旬、指令塔からの撮影。

のトラック空襲は、四月から頻度を増した。マーシャル諸島のクェゼリン島、エニウェトク島（ブラウン環礁）飛行場から出撃する第7航空軍のB-24は、航続力が及ばない戦闘機の随伴がかなわないため、十数機〜二十数機をくり出しての夜間空襲を続けた。

空襲の規模が小さいから、といって侮《あなど》れない。三月三十一日の夜には主力の春島第一基地が被爆し、零戦や一式陸攻など焼失二八機、破損三七機にのぼった。こうした消耗を防ぐには、夜の防空能力の強化は必要だが、高角砲や探照灯などを増やすのは時間がかかる。手っとり早く、かつ効果が上がりやすいのが、夜間戦闘機の戦力強化だ。

B-24は四月一日、二日、三日と夜間空襲をかけてきた。とりあえず二十二航戦に所属する第二〇二航空隊の戦闘第六〇三飛行隊を、夜間邀撃戦に加わらせる措置をとった。春島の戦闘六〇三は、昼間来襲のB－24を邀撃していた零戦隊で、夜は上がらないのが建前ながら、「月光」到着直前の三月十六日未明には、一〇機が出撃した実績があった。積極果敢な飛行隊長・新郷英城大尉の決断によるのだろう。

わずか二機の「月光」に戦闘六〇三飛行隊が協力し、初の夜間出動を試みた四月三日は、率先垂範の新郷隊長の空中指揮で零戦四機が飛んだ。午前十時四十分ごろから十数機のB－24が来襲したけれども、交戦に及ばなかった。

翌四日、零戦一〇機が「月光」とともに、午後八時すぎから侵入したB－24を襲い、二機撃墜を報告した。トラック上空の戦闘で、初めて落とした重爆だった。これらの敵は第7航空軍・第11爆撃航空群の二個飛行隊に所属するB－24（DまたはJ）二〇機で、第26爆撃飛行隊が二機の未帰還を出しており、日本側の報告と合致する。

昼間戦闘機の熟練搭乗員が、零戦で単機の夜間作戦飛行に上がるケースは、各戦線で時々ある。しかし重爆の邀撃に、一～三個小隊を出撃させる組織的な夜間運用は、ほかにほとんど例を見ない。三〇二空に誕生する零夜戦《ゼロやせん》の元祖のような、戦闘六〇三の戦いぶりだが、本務が昼間作戦にある以上、零夜戦とはもって非なる、あくまで臨時応急の行動だった。

四月六日には、アドミラルティ諸島から北上した、第13航空軍・第307爆撃航空群の

B-24三一機が、夏島を目標に午後七時半ごろ来襲。うち一機が撃墜され、もう一機は激しく被弾しながらも、基地にたどり着いた。この日、二五一空は「月光」三機、二〇二空は零戦五機を上げ、二機撃墜が記録されている。そのうち一機は、手ひどい被弾のB-24にいったんは火がついたので、撃墜とみなしたのだろう。

斜め銃装備の夜間戦闘機による夜の空戦は、撃ちつつ同航するため比較的に戦果の確認をしやすく、各種の撃墜戦果のうちで最も信頼度が高い。〝膨張率〟の大きさ、つまり誤認のひどさを順にあげると、昼間戦闘で大型機の銃手による対邀撃戦闘機の「確実撃墜機数」は一〇倍以上にふくらみ、昼間の戦闘機対戦闘機で平均して三〜四倍、夜戦の夜間のおける対重爆戦闘では、のちのB-29邀撃は別にして(陸軍機との戦果の重複を生じるため)、まず二倍以下、せいぜい一・五倍程度だったと考えられる。

## 撃墜おおむね確実

二月下旬の艦上機の空襲で、全機を喪失したマリアナ諸島の三二一空「鵄」部隊も、このころ香取基地からの新機が到着していた。そこでテニアン島の一航艦司令部は、麾下の三二一空にトラックへの応援を命じ、四月上旬「月光」三機が竹島に到着。これを合わせて同島の夜戦は十一日現在で可動七機、実働搭乗員は一〇組に増えた。

三二一空トラック派遣隊の指揮官は、飛行隊士兼分隊士の升巴求己中尉。升巴中尉に率いられてトラックに来た派遣隊員は、甲飛九期の高橋忠美一飛曹，十期の宮本篤次二飛曹ら下士官兵五名である。

四月十一日の夜間邀撃は可動機を全機上げて「月光」だけで実施され、B-24二機を撃墜。翌十二日は同じく「月光」六機が二機（うち一機は不確実）を落とした。以後、可動「月光」は四月十五日に六機、二十日に六機、三十日に五機で、B-24来襲のつど出撃したけれども戦果を得られなかった。

「月光」一一型の水平尾翼に上がった升巴求己中尉。「鵄」は三二一空の別称だ。

二五一空・戦闘九〇一飛行隊の四月の個人行動と戦果は判然としない。トラック上空での初撃墜を記録したのは清重上飛曹―小板橋飛曹長のペアで、上飛曹は足を負傷し、第四艦隊司令部の病院で治療を受けた。ほかに伊藤上飛―東二飛曹機と、井戸一飛曹が偵察員を務めた機も一機ずつを撃墜した。

井戸機の場合は、七〇メートル後方、高度差四〇メートルまで肉薄し、B－24の胴体とエンジンから火を噴かせた。まきぞえを食わないよう「月光」が敵機の側方に出たあと、まもなく爆発し、いくつもの炎のかたまりが海面へ落ちていった。

三〇〇〇メートル前後の高度で来襲するB－24を、春島、冬島のレーダーはよく捕捉した。周囲が海で障害物がないのと、敵機の侵入コースがほぼ一定していたからだ。B－24がトラック環礁の上空に達する三〇分前にはレーダー情報が入り、当直の「月光」三機が夜空へ離陸する。各機の哨区はあらかじめ決まっていて、地上から刻々と敵の接近状況を伝えてくる。マーシャル諸島からのB－24は西進したのちトラック北方で南下、爆撃コースに入るのが常だった。

南下を始めると、電探陣地が「敵は固定波に入った」と通知する。レーダーの正面へ向かってくるから、機影を示すスコープ内の反射波が動かなくなるのだ。トラック上空に侵入したあたりで、竹島周辺の島の探照灯がいっせいに光を放つ。まっ黒な機影を肉眼捕捉できる幸運に恵まれないかぎり、戦果の有無は探照灯しだいだった。照射圏が狭いから、追尾しうる時間も短かった。

B－24は「月光」の追跡を知ると、効果や蛇行で振りきろうとした。B－17よりも機動力に富むB－24の降下は、四発重爆からすれば、単発機にとっての急降下に等しいほどの角度だった。また、胴体下面の球形銃塔の一二・七ミリ機関銃二梃で「月光」をねらって撃ち合いになる場合もしばしばあり、四月二十七日の未明には酒井上飛―中山康範二飛曹が被弾により自爆。翌二十八日の夜も伊藤上飛―徳山二飛曹ペアが帰らず、ほかに一機が不時着している。

4月30日の艦上機の空襲で激しく破壊されたトラック・夏島の諸施設。貯油タンクはつぶされ、港の機能は崩壊した。

　小山に小型飛行場がはりついたような竹島の、滑走路長は九五〇メートルしかなく、両端がすぐ海だから、設置位置やブレーキの利きが悪いと海没してしまう。そこで、降着するやいなや偵察員は風防を上げて身を乗り出し、前方のようすや滑走方向などを指示しなければならない。

　第58任務部隊の搭載機群は四月三十日と五月一日、ふたたびトラック基地群を空襲。第一日は早朝から夕刻まで九次、延べ六五〇機以上（日本側判断）が乱舞した。この戦闘も、手持ち可動機が六〇機ほどしかない日本側の完敗だった。

たとえば二五三空の零戦は、二回の邀撃戦で二八機のうち二六機が未帰還。機動部隊の攻撃に向かった零戦、艦攻、艦爆混成の第一次攻撃隊二三機も四機しか帰投できなかった。在地機もほとんどが破壊され、竹島の使える「月光」は皆無というありさまだ。

すぐに内地へ新機補充に出向いて八機を受領し、五月六日の未明から夜間邀撃を再開。即日、戦果があがった。

六日の午前零時に発進した「月光」は三機。第三哨区を受けもった松本上飛曹―菅原大尉ペアは、哨戒開始後二〇分ほどして夏島上空で、単機近づいてくるB-24を認めた。まわりこんで接近し三連射を加えると、左翼の付け根から火が流れたがまもなく消え、重爆は白く燃料（白煙？）を引きつつ離脱を始めた。一式陸攻とは雲泥の差の、耐弾性の高さだ。もう一度つかまえて、後下方から両主翼根に命中弾を

柴田武雄二五一空司令の離任にさいして、竹島で5月上旬に戦闘九〇一および三二一空搭乗員（鵄）と記念の撮影。前列左から小板橋博司飛曹長（偵）、升巴中尉（鵄。操）、戦九〇一飛行隊長・菅原大尉（偵）、柴田中佐（操）、分隊長・浜野大尉（偵）、長谷川邦茂飛曹長（操）、保科強兵上飛曹（偵）。中列左から戸田満雄一飛曹（偵）、渡辺晃一飛曹（偵）、井戸一飛曹（偵）、松本信幸上飛曹（操）、陶上飛曹（操）、光岡満春上飛曹（偵）、西尾治一飛曹（偵）、高橋忠美一飛曹（鵄。偵）、不詳（鵄）。後列左から宮本篤次二飛曹（鵄。偵）、上野一飛曹（操）、東実一飛曹（偵）、坪井行雄一飛曹（操）、対馬一飛曹（偵）、不詳（鵄）、荒川吉雄一飛曹（操）、不詳（鵄）。（鵄）は三二一空付を示す。

与えたところで上向き砲の弾丸がつき、「月光」はB-24から離れた。

「撃墜おおむね確実」と判定されたこの結果が、ラバウルでの分隊長時代、工藤上飛曹とペアを組み連続撃墜をはたした彼にとって、最後の空中戦果だった。

翌七日の夜は、松本上飛曹が小板橋飛曹長とのペアで飛び、ふたたびB-24を捕捉したが、斜め銃が七発だけで止まってしまい、戦果なく終わった。

敵の来襲空域がトラック環礁の上空に限られているから発見は比較的容易にできても、敵が夜戦の在空を知っているため、つかまえるのが難しい。この夜も延べ四機が上がって、どの機も敵影を認めたけれども、捕捉は一回だけだった。

つぎの戦果は五月十一日。離陸した三機のいずれもがB-24を見つけ、長谷川飛曹長―光岡上飛曹機だけが捕捉に成功した。重爆は蛇行機動で逃げ始めたので、接敵、照準が容易でなく、二〇分間も追い続けてようやく一連射、三六発を放った。左翼根から発火し雲中に消え去ったB-24には、撃墜おおむね確実の判定がなされた。

夜間邀撃を主任務にした戦闘九〇一飛行隊はほかに、マーシャル諸島夜襲から帰った陸攻隊を誘導する、洋上での吊光弾および航法目標灯の投下を受けもった。また五月下旬から六月上旬にかけては、ほそぼそと入港する船団への対潜哨戒も担当した。B-24の昼間来襲時には邀撃を零戦にまかせ、地上での被爆を避けてトラック諸島周辺に空中避退している。

二十五航戦に所属のまま、トラックの二十二航戦の指揮下に入っていた二五一空は、五月五日付の二十五航戦の解隊により、二十二航戦に編入された。柴田司令はわずか二ヵ月あまりの勤務を終えて、五月中旬に内地へ転勤し、四代目司令として同期の田村栄次中佐が着任した。戦闘九〇一飛行隊が二五一空に所属し指揮下にあるのは変わらなかった。

六月七日にはテニアンの三二一空から、第一次派遣隊の升巴中尉らと入れ替わって、第二次派遣隊の石井恭三郎飛曹長らの三機が加わった。

そのうちの一名、偵察員の樋口忠雄上飛はトラックへの出発を前にして、飛行隊長の下田一郎大尉から「よその部隊へ行くんだから、フンドシ一つで部隊長の前に出るんじゃないぞ」と笑顔で注意された。テニアンが暑いので、下田大尉に頼まれた饅頭をフンドシ姿で持っていって、肝が太くユーモアを解する飛行隊長から「樋口、お前は佐官級だね」とあきれられた珍事があったのだ。

**空中爆撃を誘導**

マリアナ諸島の攻略開始が迫った五月末日から、第7、第13両航空軍は昼間爆撃を

トラック諸島上空で零戦から投下された三番三号爆弾が、B-24の付近で炸裂した。黄燐の特薬が白煙をひく。

主体に、トラック基地群の完全制圧にとりかかった。これに対抗する零戦隊は、九九式三番（三〇キロ）および三式二十五番（二五〇キロ）三号爆弾を用いて邀撃戦を展開する。

空対空の三号爆弾のうちで最も普及した、七五グラムの弾子《だんし》一四四個入りの三番に対し、三式二十五番（二型）は一三五グラムの弾子一〇八六個を内蔵。どちらの弾子も、破壊力が強い下瀬《しもせ》火薬と燃焼力が強い黄燐を併用していた。

三月下旬からのB-24の昼間来襲を迎え撃った二〇二空と二五三空の零戦隊は、二〇ミリ機銃では容易に落とせないため、三号爆弾を主用していた。三月二十九日にはこれが功を奏して、第13航空軍の第307爆撃航空群は二機を失い、ほかに数機に被弾があった。三号爆弾による確実撃墜は少なく、特に米側がそれを認めている例は珍しい。

三号爆弾が戦果を得にくいのは、時計式発火装置が信管に作用して、ちょうど敵編隊のすぐ上で爆発させるための、投下のタイミングが難しいからだ。爆弾攻撃に失敗した零戦は、二〇ミリ機銃による通常攻撃にうつるが、弾道特性（直進性）がいいブローニングM2一二・七ミリ機銃を一機あたり一〇梃備える、B-24編隊の火力は強烈で、しばしば返り討ちにあった。

内地からの機材補充は六月に入るとマリアナが優先され、トラックへの空輸を期待しにくい傾向から、消耗はできるだけ抑えねばならない。そこで、昼間空襲時には避退するだけだった「月光」が、より確実な三号爆弾攻撃をかけられるように、零戦隊を好適な高度と空域へ誘導し、合わせて戦果も確認する、水先案内役を買って出たのだ。

「月光」は地上レーダーから指示を受けて、B-24編隊に接近。敵と同高度の五〇〇〇〜六〇〇〇メートルを、側方一〇〇〇メートルの間隔で飛び、零戦隊に敵爆撃機の高度、速度、針路を通報する。側方一〇〇〇メートルは、敵の一二・七ミリ機関銃のわずかに有効射程外の位置である。

誘導任務は六月八日から始まった。一番手のペアは松本上飛曹―菅原大尉。レーダー情報に従って飛んでB-24六機と会敵し、触接しつつ零戦を呼びよせた。触接をや

トラック・夏島の上空を第11爆撃航空群のB-24Jが航過していく。右側の小島が「月光」の基地である竹島。

めるまで五〇分。顕著な戦果も損害もなかったようで、帰還途中に発見した浮上中の敵潜水艦をあわてて潜らせるオマケがついた。

二回目は翌九日。レーダーが敵編隊の接近を探知した警報により、午前九時すぎに竹島を発進した陶上飛曹—浜野大尉ペアは、二群のB-24編隊に触接を開始。データを聞かされた零戦隊が第一群一一機に突進、三号爆弾を投下し、重爆一機が被弾により後落（他機からおくれる）して高度を下げていくのを確認した。零戦は続いて第二群八機を襲い、B-24二機が黒煙を吐きつつ後落していった。

この間に、勇敢な一機のB-24が編隊を離れ、触接する「月光」の下方の雲中から撃ってきて命中弾を与えた。浜野機は雲の中に敵機を追い、高度七〇メートルで海面をはうように追尾したけれども、スコールに逃げこまれてしまった。

六月十日は長谷川飛曹長—保科上飛曹が触接・誘導に上がり、零戦隊の攻撃を確認ののちに天候が悪化したため「引キ返ス」を打電。すぐに地上の指揮所から「敵機、春島上空」と注意すると「了解」が帰ってきたが、以後音信を絶って未帰還のまま行方不明。捜索機の努力も実らなかった。

厚木空・木更津派遣隊から二五一空に転勤して半年、「月光」のキャリアは充分だし、それ以前の飛行時間を加えれば長谷川飛曹長は完全に熟達者の域にある。保科上飛曹も二五一空の生え抜き搭乗員だから、こんな経験豊富なペアが、故障ならともかく、天候不良で墜落するとは考えにくい。前日の陶—浜野ペアのようにB-24に襲われて、交戦に入り撃墜された可能性は少なからずある。

「月光」の零戦隊への協力は、六月十八日までほぼ連日実施された。丙戦と甲戦を組み合わせても、やはり空対空爆弾での撃墜は容易でなく、B-24が黒煙を吐いてもすぐに消えてしまい、眼前での墜落は一度もなかった。

一方、五月中旬から低調だった夜間邀撃で、ひと月ぶりの戦果が上がった。六月十一日の未明、哨戒に移ってまもなくの松本上飛曹—小板橋飛曹長機は照射を受けるB-24を見つけて追い、火を吐かせて午前一時半に海面へ撃墜した。発見から仕留めるまで一〇分間たらずの、効率がいい攻撃である。続いてもう一機を光芒内に認めて攻撃、六発以上の命中弾を得たが、こちらは取り逃がした。

同じ十一日、夜に入って、同期（乙飛十五期）ペアの坪井一飛曹―東一飛曹機が一機を不確実撃墜。夜戦を振りきるため蛇行しつつ針路を変えるB-24を、しぶとく追い続け、両翼根部と胴体への命中弾、それに続く発火があったが、炎を消して離脱していったため不確実撃墜とみなされた。

六月十三日の未明には陶上飛曹―西尾上飛曹機が、一五発ほどの命中弾でB-24一機を不確実撃墜。やや間をおいて二十五日の未明に、松本上飛曹―小板橋飛曹長機が一機を確実に落とした。夜戦のパイオニア二五一空にとって、最後の撃墜戦果がこれである。

三二一空からの派遣隊は、升巴中尉指揮の第一次も、石井飛曹長指揮の第二次も、夜間邀撃、触接・誘導、空中避退のいずれにも参加し、戦闘九〇一飛行隊と同様に戦った。

データがほとんど残されていない第一次派遣隊にくらべ、第二次派遣隊についてはひととおりの行動が分かっている。夜間邀撃では石井上飛曹―樋口上飛ペアが、B-24を七月三日、つぎのように撃墜した。

一週間ほど姿を見せなかった重爆が、この日はトラックに接近して、午後六時に空襲警報が鳴らされた。当直の石井ペアが発進し、単機ずつ侵入する敵を待ち受け、八時に探照灯に捕まった一機を夏島上空に視認。フル・スロットルで七〜八分追いかけたのち、後下方に占位する。一撃で右翼から発火し、二撃、三撃と加えると、胴体中央部が激しく燃え出した。

敵機が冬島の環礁付近に墜落したのを確認し、樋口上飛は「墜一《ツイイチ》」を打電。海面に輝く炎を尻目に、三時間ちかい飛行を終えて竹島飛行場にもどってきた。トラック諸島上空における「月光」の撃墜にはこれでピリオドが打たれる。

ほかに変わった戦闘行動として、対B－24触接中に林義男飛長が、浮上航行中の敵潜水艦の航跡を見つけて降下し、対潜攻撃の位置の目安に、アルミ粉末入りの航法目標弾を落としている。また、デング熱で竹島の野戦病院に入院中の偵察員・小俣行雄上飛曹が、六月十七日の正午の空襲時に弾片を腹部に受けて戦死した。

### 東カロリン航空隊

その後マリアナ方面の戦闘にも一部が参加した（後述）のち、七月十日付で二五一空は解隊とされ、指揮下の戦闘九〇一飛行隊は同日、フィリピンのミンダナオ島ダバオにいる第一五三航空隊の所属に変わった。ここに、夜間戦闘機とその運用の創始部隊であり、斜め銃による約三五機の撃墜（不確実をふくむ。九割が四発重爆）をはじめ数々に武勲を記録した二五一空は、戦歴に幕を下ろした。

一五三空への編入により、戦闘九〇一飛行隊付だった隊員たちの勤務先は、三つに分かれる。

一つは内地帰還組。そのスタートを切った分隊長・浜野大尉は、すでに五月に転勤の辞令が出ていたが、後任者がマリアナで戦死したのと飛行機便がとだえたために、三ヵ月も足止めをくってしまった。ようやく八月初め、飛行艇でトラックを離れて、偵察員教育を受け持つ徳島航空隊への赴任の途についた。

飛行隊長・菅原大尉は、新編の戦闘第八五一飛行隊の飛行隊長に補任されて転出。西尾上飛曹と対馬上飛曹には厚木基地の三〇二空付の命令が出て、一ヵ月後の八月十三日に一式陸攻に便乗し竹島基地を離れていった。

二つめが、戦闘九〇一付のまま一五三空がいるダバオへ出た組で、陶、井戸、光岡各上飛曹、戸田満雄、赤池行成両一飛曹らがこれにあたる。ただし全員いっしょに行動したのではなく、陶上飛曹らは二式飛行艇に乗って直接ダバオに到着。井戸上飛曹ら四名は八月二十二日、二機の「月光」で西カロリン諸島をメレヨン、ペリリューと西進し、ペリリュー島での空襲で乗機を失ったが、ダバオから迎えの二機が飛来した。

もう一つが、小板橋飛曹長、上野良英、渡辺晃両上飛曹、東、山崎新三郎、森光徳各一飛曹、林飛長ら十数名の現地残留組だ。三つのグループのうち、人数がいちばん多くて半数ほどを占め、二五一空解隊と入れかわりに開隊した東カロリン航空隊に全員が編入された。

東カロリン空は乙航空隊である。

海軍は十九年七月十日付で、航空隊の空地分離を実施した。特設飛行隊を有するナンバー航空隊と、基地を提供したり、特設飛行隊が司令部をともなわずに進出した場合に指揮を担当する、普段は飛行機をもたない航空隊とに分けた。つまり、前者が「空」で甲航空隊、後者が「地」で乙航空隊と呼ばれた。

乙航空隊は、この東カロリン空や関東空、北東空、馬来《マレー》空などのように、広い地域の名称が付けられ、その地域内の複数基地を管理する。本来、飛行機は装備しない建前だが、周辺に甲航空隊がないと、小規模の航空兵力を直属にする場合もあり、東カロリン空もこれにあたる。

司令は水上機操縦員出身の小笠原章一大佐。二五一空のときと同じく二十二航戦の所属に加えられ、十九年十一月四日には二十二航戦の解隊（十一月十五日）を前に、第四艦隊の直接指揮下にうつった。東カロリン空の本隊（司令部）は当初は竹島に置かれ、八月に春島第一基地に移動して、「月光」隊は竹島派遣隊とされた。

三三一空から編入の搭乗員（後述）を加えて小板橋飛曹長が派遣隊長を務め、やはり東カロリン空に編入された春島残留の一〇機ほどの可動零戦とともに、トラック環礁の対B－24防空に健闘した。「月光」の可動数は、十月に入るころまでは二〜三機の状態が続き、九月には春島基地へ移動する。

夜間邀撃、零戦の三号爆弾攻撃の誘導、昼間空襲時の避退と、任務は二五一空・戦闘九〇一のときとほとんど同じだった。ただし、トラックの邀撃戦力の大幅な減退によって、敵は爆撃精度が高い昼間空襲を主体にしたので、夜間来襲機はめっきり減り、「月光」の邀撃の機会もそのぶん少なくなった。

開隊の七月十日以降、夜間出動は六回、延べ八機で、八月八日が最後だった。「追《ツイ》躡《ジヨウ》（追いかける）スルモ見失フ」が一回だけ、たいていは「敵ヲ見ズ」で終わり、撃墜破はゼロだった。ただでさえ少ない探照灯の、被爆による減少も影響したと思われる。この間に鑓水飛曹長－岡田上飛曹のペアが戦死した。

十一月七日、最後の可動「月光」に松本上飛曹と小板橋少尉（一日に進級）が乗って、未明に要務飛行でラバウルへ飛んだ。十一航艦司令長官・草加任一中将の救出が目的だったともいう。翌八日の午前三時半に、零式水上偵察機とともにラバウルを発した小板橋機は、帰着予定の午前八時をすぎても竹島上空に姿を現わさず、案じて飛

19年12月28日、春島第二基地で自活用の畑を背にした東カロリン空の搭乗員全員。前列左から上野上飛曹（操）、渡辺上飛曹（偵）、東上飛曹（偵）。中列左から坪井上飛曹（操）、荒川上飛曹（操）、山崎新三郎上飛曹（操）、高橋上飛曹（偵）。後列左から森光徳上飛曹（偵）、歳国鼎上飛曹（偵）、林二飛曹（操）、樋口忠雄飛長（偵）。後列右側3名は三二一空からの、ほかは二五一空・戦闘九〇一からの転勤。

行場にたたずむ隊員たちの期待もむなしいまま、ついに帰り着かなかった。

水偵は無事に到着したから、「月光」が天候不良で落ちたとは考えられないし、米戦闘機の撃墜記録にも該当するデータがない。アドミラルティ諸島から発信の偽電に引っかかって航法を誤ったのでは、とも言われるが、最も可能性が大きいのは故障による墜落ではないか。

四艦隊の麾下に編入された十一月十五日付で、東カロリン空の定数が零戦一二機、「月光」四機、水偵八機（いずれも四分の一の補用をふくむ）に決められた。だが「月光」があるのは帳簿の上だけだ。一一名が残った搭乗員は、椰子《やし》の芽や魚入りの雑炊、米虫まじりの飯が、一日に湯呑み一杯きりしかない栄養不足の身体で、ツギハギの九七艦攻一機に交代で乗り組み、エンダービー島への暗号書の空輸、輸送船への攻撃まで実行した。

彼らのうち上野上飛曹ら四名は、翌昭和二十年の一月下旬に三〇二空への転勤命令を受けて内地へ向かう。

## 変化する「月光」

戦局の推移につれて、「月光」にもいくばくかの変化がもたらされる。

これまで使われてきた「月光」は、二式陸偵（J1N1-R）の偵察席をつぶし、斜め銃を上下二梃ずつ装備した一一型（J1N1-S）で、後部胴体の背部には、陸偵型の電信席を入れるための〝段〟が残されたままだった。二式陸偵と「月光」を並行生産する場合、胴体を共通にすれば量産の能率がよくなるからだ。しかし十八年後半には、鈍足の二式陸偵の出る幕はどこにもなくなり、生産は「月光」一種にしぼられた。

こうなれば、もともと「月光」には不要の〝段〟は、いたずらに工程を複雑にする

香取基地における三二二空・戦闘八〇四飛行隊への新着機。遠方の「月光」一一型と違って、この後期型の背部には十三試双戦から続いた段がなく、新型機的なイメージすら覚える。

だけで、まったく意味がないうえ、空気抵抗の面でもマイナスである。そこで十九年の春から〝段〟を廃止し、背部ラインをすっきり一本にした機体の生産に移行した。

「月光」一一型の最初の「一」は機体、二番目の「一」はエンジンの内容を示す。したがって「一一型」は、機体とエンジンの両方が最初の量産型の内容というわけだ。もし機体を大幅に改めれば「二一型」に、両方とも変えると「二二型」と表記される。

〝段〟がなくなって、外形的には印象がずいぶん変わったが、機能的にはなんら違いが生じないので「二一型」とはされず、一一型のままだった。以後、本書では〝段〟の有無を区別するため便宜上、段つきを一一型前期型（または前期生産機）、段なしを一一型後期型（または後期生産機）と記述する。

「月光」一一型後期型の基本武装は前期型と同じく、九九式二〇ミリ二号固定機銃三型を

同じ三二二空・戦闘八〇四の一一型前期型だが、3機とも下方銃2梃を取り外してある。

上方二梃、下方二梃の合計四梃だった。二号銃三型は一〇〇発入りドラム弾倉式だ。だが既述したとおり、実施部隊では送段バネの劣化を防いで間違いなく作動するように、九〇発に減らして用いた。

対B－24戦闘の困難化が、この兵装を見なおさせる。ラバウルの初期の夜間空襲では敵機が斜め銃に気づかず、長い連射が可能だったから、上方二梃でまず充分に致命傷を与えられた。しかし、敵が日本の夜戦の存在を知り、B－24が四発重爆にしては高い速力と機動性を用いて、振りきろうとするため、捕捉・攻撃のチャンスが少なく、射撃時間も短くなってしまった。トラック諸島での邀戦のころには、この傾向がいっそうはっきりしてきた。

そこで生み出されたのが、対照的な二種の対応策だ。

投弾後のB－24と大差ない「月光」の鈍足を、いくらかでも向上させるために、現地部隊がとった策が、使用頻度が低い下方銃二梃の除去だった。全備重量六九〇〇キロの飛行機に、一四〇キロ（弾丸をふくむ）の原料はわずかに思えても、銃身の空気抵抗がなくなるのと合わせて、一〇キロ／時ちかく増速できるうえ、兵器整備の手間も減る。こうして上方銃二梃のみが一一型後期型の標準的射撃兵装とされ、生産機の大半もこれに倣《なら》ったのだが、基本型としてはあくまで上下二梃ずつなので、タイプ呼称は一一型のまま据えおかれた。

もう一つの策は、下方銃をそのまま残し、主戦闘法の後下方攻撃時に短時間により多数の弾丸を撃ちこめるよう、上方銃を三梃に増やした火力強化型。実用実験をかねて、トラックの二五一空・戦闘九〇一飛行隊へ一〜二機が引きわたされた。十九年五月六日の松本―菅原ペア、六月十一日の松本―小板橋ペアの戦果は、五梃装備の試作機であげられたものだ。

十九年の夏に入ると、派生装備法の機が登場した。あまり有効でない下方銃を廃止し、上方の三梃だけにしぼられた、五梃装備型と同じく、風防のすぐ後ろの二梃からやや離れて、もう一梃の銃身が突き出ている。

五梃装備型は全機銃が二号銃三型だが、この三梃型は追加の一梃が弾帯《ベルト》給弾式の二号銃四型に変わった。これに二〇〇発入りの箱型弾倉を付け、送弾の確実化のために

横須賀空の一一甲型の20ミリ斜め銃の銃身が出た部分。後方へ1梃だけずれたのが九九式二号銃四型だ。

一七〇～一八〇発を入れて用いた。弾倉はのちに容量三五〇発に大型化されている。また、発射速度が毎分四八〇発の二号銃三型に対し、四型は五〇〇発とやや破壊力が大きい。初速（銃口を出る弾丸の速さ）は同じだ。

三梃装備型は六、七月ごろ空技廠で試作されたようで、八月には横須賀航空隊にわたされて実用実験に入った。末期の生産分はこの型で、十一月には実施部隊にも配備される。

兵装に変化を生じた量産機には、型を示す数字に「甲」～「癸《き》」の十干《じっかん》を順に付すのが、海軍（陸軍も）のしきたりだ。そこで、上方銃が三梃の〝段なし〟のタイプは一一甲型（J1N1-Sa）と呼ばれた。

また、十九年の夏にB-29が高高度を昼間来襲し始めると、敵より高く上がれない「月光」にとって、一一型前期型の下方銃はまったく意味をなくしたため、速力と上昇力の向上をはかって取り外されていく。一一型後期型のなかには、二梃タイプの上方銃を三梃装備に改造される機もあった。

十三試双発戦と二式陸偵の前方銃は、零戦にも装備中の九八式射爆照準器一型を、計器板上方に付けて用いた。

「月光」の前部固定風防内にアームを配して固定された三式小型照準器一型。これを付けていない機も少なくなかった。搭乗員は三〇二空の大橋功（つとむ）飛長（操）。

「月光」には前方固定銃はないから、照準器の設置も当然相違が出る。上方銃については、前部固定風防の内側上方に取付け用の枠を付加し、三式小型照準器一型を固定した。

九八式照準器の重量三キロに対し、三式は七〇〇グラムと軽く、体積も二まわり小さい。反射フィルターに投影される環状の四重光像目盛《めもり》に対し、内環いっぱいにB－24の主翼全幅が入ると、距離二五〇メートルと判断できた。上方銃の仰角と同じく、照準器自体を三〇度かたむけて、操縦員が首を上げ光像目盛に敵影をかさねれば、有効射程内の機体に射弾が命中する。

三〇二空の一一型前期生産機なのに集合排気管と消炎管がなく、代わりに単排気管が付いているのは航空廠で改修されたからだ。

下方銃用の照準器は、前方銃用の九八式射爆照準器。外形が大きくても前方視界に影響を及ぼさないからだろう。計器板の中央上部を切り欠いて装着し、機首下面の透明部から敵影を確認して照準を合わせた。

ただし、下方銃で飛行中の敵をねらう機会は少なく、照準を合わせて射撃した実戦例はまれだ。計器板に九八式を備えた「月光」自体がごく少数だったと思われる。

なお三式小型照準器については、後続開発の二型があり、ほかにも十九試小型射撃照準器が試作される。これらについては適宜、後述する。

排気管には二種類があった。カウルフラップ上部後縁からエンジンナセル上部へ二本出る、二式陸偵と同様の集合排気管に、筒状の消炎管を追加したのが、一一型の前期と後期を通じてのスタイルだ。これは一一甲型の初期生産分のも受け継がれたが、そのあとカウルフラップ両側の後縁から七本ずつ（上方三本、下方四本）出た推力式単排気管に変更された。

単排気管にしたのはもちろん、排気のロケット効果で少しでも速力をかせぐためだ。夜の接敵時に見つからないよう、また搭乗員の目が幻惑されないよう、「月光」の集合排気管には筒状の消炎装置がかならず付く。ところが単排気管なら、排気炎が分散されて小さいから目立ちにくいし、搭乗員の目にもさほど眩《まぶ》しくなく、消炎管を不要にできる利点もあった。そこでやがて二十年に入ると、一一型後期型を木更津の第二航空廠などに持ちこみ、単排気管への改修を進めた。段つきの一一型前期型までもが、一部の機にこの改修を受けている。

夜戦隊では「月光」一一型と一一甲型を敗戦の日まで混用し、銃塔装備の試作機や二式陸偵も訓練や連絡に使われ続けた。

## 島々にちらばる

本隊を千葉県香取基地に置いていた、一航艦・六十一航戦の三二一空「鵄」部隊は、十九年二月のマリアナ空襲ののち、錬成を終えた搭乗員を逐次、マリアナの派遣隊へ送るよう努めていた。四月十五日にはグアム島にあるのは「月光」六機。ほかに、前述のように二五一空への協力のため、トラック諸島・竹島に三機を出していた。

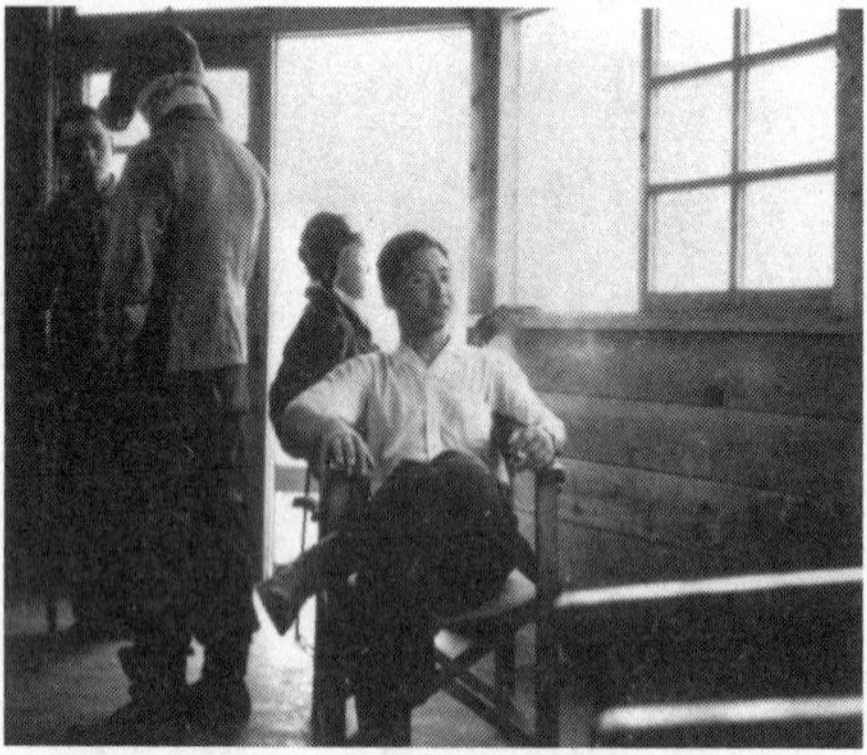

香取基地の三二一空指揮所内での幹部搭乗員たち。座ってこちらを向くのは石井恭三郎飛曹長（操）。その奥、入口寄りは兵頭真男中尉（偵）、左に立って背中を見せるのが新分隊長の余西為次中尉（偵）。

香取から四回目（五回目ともいう）のマリアナ派遣が実施されたのは四月二十四日。同じくマリアナへ出る二六五空・零戦隊と同行する予定が変わり、進級直後の新分隊長・久米秀夫中尉の指揮で、兵頭《ひょうどう》真男中尉、石井恭三郎飛曹長、鴨山勘一飛曹長らが搭乗の「月光」一一機（ほかに一機引き返し）は、硫黄島で二〜三泊ののち、できたてのテニアン第二飛行場に着陸した。一回目の派遣で不時着水し鳥島から奇跡的に帰った、横堀政雄二飛曹もこのなかにいた。

夜間邀撃は必要ないテニアン島での飛行作業は、対潜哨戒と夜間訓練が主体だった。歳国鼎《としくにかなえ》一飛曹とペアを組んでの病院船に対する夜間上空哨戒、鴨山飛曹長による正確無比な航法でトラックへの「月光」空輸などを、前席で経験した林義男飛長。敵潜水艦発見の急報で、二十五番の対潜爆弾を付けて発進。索敵しても見つけられず、飛長が帰還したとき爆装なのを忘れていて、着陸時の沈み（降下率）の大きさに驚いた。それでも主脚を傷めずに、無事に滑走へもっていけた。

「対潜哨戒のほかに、一キロ演習弾を付けて爆撃訓練に飛んだ。小島を目標に三〇度の降爆（降下爆撃）に入ると、後席（偵察員）が高度を読む。加速して揚力が高まり、操縦桿を前へ倒して浮かないようにするのが大変。重爆邀撃と夜間爆撃が「鵄」部隊の任務だと聞いていた」と、一飛曹の操縦員だった大貫忠さんは言う。

米軍は四月二十二日、ニューギニア北岸中部のホランジアに上陸。三十日には機動部隊がふたたびトラック諸島に空襲をかけ、また潜水艦の動きが活発化しているところから、ちかぢか米軍が一大攻勢に出るように判断された。ここで受け止めて戦局を挽回したい大本営は、五月三日に「あ」号作戦計画を決定。西カロリン諸島の周辺海域を決戦場と定めて、第一機動艦隊に配属された第三艦隊の空母戦力と、一航艦の航空基地兵力の集中兵力により、難敵・米機動部隊を打ち破るのがねらいだった。

しかし、大本営は二つのミスを冒した。

第一は、来攻方面の読み違えだ。敵がいきなりマリアナ諸島の攻略にかかる可能性はうすく、今回はフィリピン上陸の布石として、西部ニューギニアと西カロリン諸島へ向かう、と考えた。

第二は、航空部隊の実力への過大な評価だ。母艦航空隊には敵の行動半径外から長距離攻撃をかける、アウトレンジ戦法をとらせたけれども、搭乗員の練度がともなわなかった。これは搭乗員たちの責任ではなく、充分な訓練をさせられない日本の国力、戦力の底の浅さに真の原因がある。

また、基地航空兵力も練度が不足なうえ、定数は一七五〇機なのに、六月初めの保有数はわずか五三〇機だから、三分の一にも満たない。これをフィリピン、セレベスからマリアナ、トラックまで広範囲にばらまいては、効果的な集中攻撃は望む方が無理だった。劣勢時の受け身のつらさが、端的に表れていた。

第五基地航空部隊の一隊に組み入れられた三二一空も、他部隊と同様に装備機材が充足しなかった。開隊時の定数二四機が、二月一日付で三倍の七二機（うち補用一八機）に急増したためで、軍令部が帳簿に記入するのは一瞬ですむが、現実を見れば、むちゃな改定としか言いようがない。

香取の本隊とマリアナの派遣隊を合わせて、五月十五日の時点で三二一空の装備数は三一機（定数の四三パーセント）でしかなかった。内訳は、本隊が一五機（うち可動一一機）、グアム派遣隊が六機（同三機）、テニアン派遣隊が一〇機（同三機）で、ほかに香取に補助機材の零戦が五機（同四機）あった。

搭乗員のうち操縦員は合計三八名いて、夜間飛行を確実にこなせるA組は四名だけ。夜間はやや危なっかしいが昼間作戦なら使えるB組が一七名だから、夜戦部隊としてはもう一段の練度向上が望ましい。

いずれにせよ一個航空隊で「月光」七二機の定数は、この機種の特性からいささか多すぎる。グアム、テニアンへの派遣隊は、「あ」号作戦の予想決戦場の構想にそって、西カロリン諸島のヤップ島、ペリリュー島へ進出する予定が五月初めに定まったから、拡散と補充を考えてこの機数でよかったのだ、と理屈をこねるのなら、軍令部は夜戦部隊の本質をまったく把握していない、と断言できる。消耗の激しさに耐えるだけの数が要《い》る甲戦、艦爆、陸攻などとは違って、夜間邀撃こそが抜き出て本務であるべき夜戦部隊は、「水増し多数」は絶対に避けねばならない。

予備学生出身でもとは艦攻操縦員だった三二一空の豊永実中尉。香取基地で「月光」と。

香取からのテニアン島行きは続く。五月九

日に豊永実中尉がひきいて四機（一機は父島に不時着）が、五月三十日に飛行隊長・下田一郎大尉の指揮で分隊長・余西為次大尉をふくむ六機が、それぞれ進出した。この時点で、戦力的にはテニアンが主力に変わった。

五月中旬、操練出身の大ベテラン田淵寿輝中尉が指揮する「月光」二機は、サトウキビの原液をしみこませて地固めしたテニアン第二飛行場を飛び立って、南西に一六〇〇キロ離れたパラオ諸島ペリリュー島に着陸した。彼らペリリュー派遣隊の目的は夜間邀撃ではなく、マーシャル諸島メジュロ環礁が泊地の米第58任務部隊の出動と、西カロリン諸島および西部ニューギニアへの来攻（海軍の判断）を、早期に察知する索敵哨戒にあった。

まもなく中川義正一飛曹と清水武明飛曹長のペアは、出没する潜水艦を制圧するために、ペリリュー島から五〇〇キロかなたの西カロリン諸島ヤップ島へ、単機で進出の命令を受けた。機上で視界に入るのは、ただ海原だけ。かんばしからぬ天候のもと、甲飛一期出身の清水飛曹長の熟達した航法で、小さなヤップ島にピタリと到着。

数日後の夕方ちかくに対潜哨戒から帰ってきて、浮上航行中の敵潜水艦を見つけ、「月光」に気づいて急速潜航にかかるその艦橋に、二十五番爆弾を命中させた。ちぎれ飛んだ潜望鏡が舞い上がるのを清水飛曹長が見たが、確認機がいないため「撃沈不確実」を報告した。その後、攻撃海面を見たテニアンからの「彩雲」偵察機の報告で、「撃沈確実」に変わり、「月光」にとって珍しい戦果が記録された。

六月一日、豊永中尉指揮のヤップ派遣隊四機（三機ともいう）がテニアン島から進出したため、中川—清水ペアは翌二日にペリリューに帰還。代わったヤップ派遣隊は毎日早朝に発進し、九〇浬《かいり》（約一七〇キロ）東のウルシー環礁を基点に、敵機動部隊を求め東方海面へ哨戒に飛んだ。小さいヤップ島はコースが少しでもずれれば見落としかねず、帰途ウルシーを見つけると豊永中尉はほっとした。

田淵中尉らペリリュー派遣隊は、四五〇浬（約八三〇キロ）進出の索敵・対潜哨戒を爆装で実施。六月六日にはテニアンから二式飛行艇で、横堀一飛曹ら三名が応援にやってきた。その三日後、九日の午後にB-24一機の空襲を受け、飛行場や指揮所が被爆して「月光」は二機とも燃えてしまった。

### つぶされた夜戦部隊

六月十一日の午後一時、第58任務部隊はマリアナ東方三七〇キロから、二一六機の艦上機群を放った。大半を占める二〇八機のF6F-3艦戦は、サイパン、テニアン、グアム各島に殺到し、あわてて邀撃に上がりかける零戦隊や在地機に攻撃を加え、各基地の航空兵力の過半をたちまち打ち砕いた。

マリアナ諸島からの索敵機が、敵空母を発見したのが一時間あまり前。来攻海域は西カロリン周辺と思いこむ一航艦司令部が、邀撃態勢を整えるだけの時間を得ないうちに敵機の大群につぶされる、トラック大空襲時のパターンがくり返された。テニアン島とグアム島の「月光」も、この空襲でほぼ全機を失ったと考えられる。午後三時ごろ、空母「バンカーヒル」を発艦の第8戦闘飛行隊長ウィリアム・M・コリンズ少佐と、列機のラルフ・J・ローゼン中尉が、テニアン第二飛行場付近の上空で、「月光」をそれぞれ三機と二機撃墜、と報告した。これらの被墜機は、ちょうど空襲中に硫黄島から飛来した、三二一空への補充三機のうちの二機で、一機だけが着陸に成功。空襲後、唯一残

空母上で発艦待機中のグラマンF6F-3「ヘルキャット」。武装が斜め銃しかない「月光」では対抗不能だった。

ったこの可動機に二十五番の爆装で久米大尉が搭乗し、敢然と敵艦隊を攻撃に向かったけれども、装置の故障で爆弾を落とせないまま帰ってきた。

米軍のマリアナ来攻で意表をつかれた第一機動艦隊は、十三日にボルネオ北部東方のタウイタウイ泊地を抜錨。訓練不足と苦しい燃料事情のマイナス条件を背負って、フィリピンのギラマス泊地経由でマリアナの方向へ進んだ。十五日、米海兵隊二万名がサイパン島に上陸を始めると、「あ」号作戦決戦が発動され、十九日マリアナ西方海域で海上航空戦の火ぶたを切った。

第一機動艦隊の航空戦力は空母九隻の四三九機、米第58任務部隊は空母一五隻の九〇四機。史上最大、空前にしておそらく絶後の空母決戦は、六月十九、二十日の両日にわたって展開され、まとまった戦果が皆無の日本側は空母三隻と二九〇機を失って、惨敗に終わった。日本機動部隊の攻撃的作戦能力はこれで実質上なくなり、決戦用基地航空兵力として期待された一航艦も実りを待たずに壊滅、フィリピンで再建に入らねばならなかった。

この間の六月十七日、ヤップ派遣隊は二機を同島に残し、指揮官・豊永中尉は二機でペリリュー島にうつった。九日の空襲でペリリューの「月光」がなくなってしまったからだ。まもなく敵上陸のうわさが立ち、豊永中尉らは「月光」に搭乗員を乗せられるだけ乗せて、六月三十日に南部フィリピン、ミンダナオ島の第二ダバオ基地へ飛んだ。その後ヤップ島の二機も、ペリリュー島経由でダバオに後退したようだ。

機材の大半を失った三二一空は、七月十日付で解隊にいたり、司令・久保徳太郎中佐以下の隊員は、同日に新編の乙航空隊・マリアナ空に編入された。三日前の七月七日にサイパン島は陥落し、二十一日にグアム島、二十三日にテニアン島に米軍が上陸。八月一日、テニアンの一航艦司令長官・角田中将は音信を絶ったため、二日には三二一空隊員をふくむ両島の全員が戦死と判断された。

この間の状況はほとんど判明していない。久保中佐、星名茂一飛曹、中島嘉広一飛曹らは香取から司令部をうつしたグアム島で八月十日に、飛行隊長・下田大尉、分隊長・久米大尉と余西大尉、分隊士・兵頭中尉、佐々木清一飛曹、田実《たじつ》博文一飛曹らはテニアン島で八月二日に、それぞれ戦死と記録されている。いずれも両島の玉砕の日に合わせた日付だ。それ以外の日付では、升巴中尉の七月八日付（サイパン方面）、渡辺武治中尉の七月十九日付（テニアン）などがあるが、戦死状況を知る手がかりは存在しないと言えよう。

ペリリュー島からダバオにうつった田淵中尉、豊永中尉、清水飛曹長、鴨山飛曹長、中川一飛曹らは、三二一空の解隊により、一五三空・戦闘第九〇一飛行隊（二五一空の解隊により七月十日付で編入）付に転勤した。

香取基地に残っていた「月光」のうち四〜五機は、七月四日に硫黄島方面に来攻した機動部隊の索敵に出たまま帰らなかった。これで三二一空の戦力は、ほとんどが消え去った（トラック派遣隊については後述する）。

三二一空は夜戦部隊として編成されながら、夜間邀撃に出る機会はないに等しく、育てる側から内南洋へ送り出され消耗して、戦史に確固たる足跡を残すいとまなく一〇ヵ月で消え去った。

この部隊には、飛行予備学生の九期出身が一人、十期出身が三人いた。九期と十期は、海軍予備航空団に在籍したか否かの違いだけで、実用機教程も進級も同じだから、同期生と呼んでも差しつかえない。このうち、最初に着任して早期に殉職した田村袈裟《けさ》雄《お》少尉は別にして、升巴、渡辺、豊永各中尉は半年間「鵄」部隊に在隊した。その間に何度もいっしょにすごしたはず、と誰でも思うが、

テニアン島の第二飛行場に残された三二一空の「月光」一一型、鵄−29号機。マリアナ戦の惨状を象徴している。

豊永中尉は在隊中まったく二人に会う機会がなかったばかりか、小規模なのに同じ部隊にいるのすら知らなかった。

隊員たちが広大な内南洋に時間をずらしてバラバラに散り、ついに一堂に会し得なかった、薄幸の部隊ならではのエピソードだろう。

## サイパンに斬りこむ

マリアナ方面の航空戦には、トラックの二五一空・戦闘九〇一飛行隊と三二一空トラック派遣隊の「月光」も、一航艦の戦力として小規模ながら参加した。

まず六月十七日、三二一空の石井飛曹長と樋口上飛がペアを組んで、「あ」号作戦に協力する、敵機動部隊の索敵を請け負った。命令が伝えられたのは、B-24の爆撃で絶命した偵察員・小俣行雄上飛曹を、竹島で荼毘《だび》に付しているときだった。（279ページ参照）

春島へ出向いて、二十二航戦司令官の澄川道男少将からサイパン偵察行の命令を受けた。「テニアンの第一飛行場は日本軍が確保しているから、もしやの場合はすべりこめ」。続いて決意の別盃《べっぱい》をかわし、基地員たちに見送られて午後二時半に出撃。敵を見つけたら、トラック島の攻撃隊を誘導する、「ア」連送の電鍵《キー》をたたく取り決めがなされていた。

針路をサイパン島東方に定めて、北北西へ。そろそろいるかと思えるあたりで、高度を二〇〇〇メートルから六〇〇〇メートルまで下げると、雲間から敵機動部隊（上陸を援護する第52任務部隊）が見えた。四時四十五分。「ア」連送に続いて、敵の位置や規模、進行方向などのデータを打電する。

米機動部隊を発見し、瀕死のサイパンを飛んだ樋口忠雄上飛（飛長当時）「月光」機上で。

一〇分ほど触接ののち、上空警戒のF6Fが襲ってきた。プロペラが海面を切るほどに高度を下げた石井飛曹長に、敵機を見て「右！」「左！」と射弾回避を知らせる樋口上飛。少しでも機を軽くしようと、五五〇グラムの航法計算盤まで投げすてる。三〇発以上の被弾でも運よく火がつかず、逃げきった石井機は、グアム島に降着した。しかし修理・整備中のこの「月光」は、二十三日の空襲で焼かれてしまい、翌日未明に一式陸攻に便乗してトラックに帰り着いた。

六月十九日の夜明け前、二五一空の松本上飛曹―菅原大尉機と三二一空の一機は、竹島基地を発進ののち楓島上空で、五五一空の「天山」二機、二五三空の零戦一三機と編隊を組み、三時間半飛んで午前八時すぎにグアム島第一基地に着陸した。

しかし、この日はマリアナ沖海戦の初日で、航空基地制圧のため朝から護衛空母の搭載機が来襲しており、「月光」の着陸直後に「キャボット」からのF6F－3（第31戦闘飛行隊機）が現われた。上空に残っていた零戦隊は、F6Fと空戦に入って四機が落とされ、地上の「月光」もわずかだが被弾した。

「月光」の任務は、サイパン島沿岸につどう上陸用舟艇への銃爆撃。グアム～サイパンは二〇〇キロ足らず。夜襲をかけるには手ごろな距離でも、昼間の敵機の地上攻撃から飛行機を隠すのが大変だ。下方銃と爆弾による舟艇攻撃の成果はつまびらかではないが、三二一空の機は壊れ、ペアは他機に便乗してトラックにもどってきた。菅原大尉機は軽い被弾ですんで、四日後の六月二十三日の朝、B－24が来襲中のトラック諸島上空に帰り、竹島への降着を無事に終えた。

二度目のサイパン攻撃は、同島玉砕の七月七日。二五一空からは松本上飛曹―光岡上飛曹のペア、三二一空は機動部隊を索敵した石井飛曹長―樋口上飛のペアが出た。マリアナの守備隊を、結局は見捨てざるを得なかった連合艦隊が、配属組織の司令部に命じて実行させた、サイパン島への一連の陸戦協力における最後の一撃である。

光岡機はトラック・竹島を午後四時に離陸。グアム第一基地に着いて一時間後の午後八時四十分（現地時間では九時四十分）、二十五番爆弾二発を抱いて出撃した。サイパン島中部、西岸沿いのガラパン市街に銃爆撃を加え、敵地上部隊と集積物資を撃破するのがねらいだった。

19年7月7日、松本―光岡機が進出する前に、空母「ヨークタウン」からの艦上機群に攻撃されるグアム第一基地。

午後九時三十五分、光岡機はガラパン市街に爆弾を投下し、続いて下方銃でなんども掃射して離脱する。街に炎が上がったのを認めたが効果のぐあいは定かでなかった。グアム帰投は午後十一時五十分。

石井機はやや状況が異なる。後席にいた樋口さんの記憶では、トラックで胴体下に二十五番爆弾二発を取り付け、増槽を両翼に下げた状態で春島を離陸。グアム島に降りず、サイパン島へ直行した。

グアムでの事故や待ち伏せる敵夜戦などの危険要因を考えて、両機は別種の進出方法をとったと考えられる。もちろんトラック〜サイパン往復の約二〇〇〇キロは、充分に航続範囲のうちだ。

「月光」はいったんガラパンの街を航過した。沿岸にはおびただしい数の艦船が、あかあかと灯火をつけている。電探欺瞞紙をつかんだ樋口上飛が、後席風防のスライド窓から夜空へ放った。

旋回して街の上空に突入するころには、艦船からの対空射撃が始まった。二十五番二発を投下する。いきなりの至近弾で乗機が激しく揺れ、グーッと持ち上げられた。みずから放つ電波の反射波で作動する、VT信管付きの弾丸だろうか。照明弾と弾幕にいろどられた夜空を突っきって、石井—樋口ペアはグアムへ機首を向けた。着陸は午後十一時だった。

往路は別々でも、帰路は二機が編隊を組む手はずだった。夜間航法の経験があさい樋口上飛への配慮とも考えられる。翌八日の午前一時に二機はグアムを発ったが、やがて光岡機を闇のなかに見失った。事態の変化が動揺を招いたものか、上飛の判断は誤差を生じ、コースが大きくずれた。けれども石井飛曹長のはげましで冷静さを取りもどし、見事に針路を修正。三時間五〇分の洋上飛行ののちに、トラック諸島上空に到達した。

トラックの「月光」のマリアナ戦協力は、これで終わった。彼らが帰投した翌々日の七月十日には、二五一空も三二一空も解隊にいたる。二つの夜戦部隊の最後をかざる、きわどい作戦だった。

このあと、八月に二五一空の搭乗員が三つに分かれるのは、すでに述べた。少人数の三二一空トラック派遣隊にも、別れはあった。六名のうち、小俣行雄上飛曹は地上戦死し、甲飛予科練で一期先輩（九期）の彼の遺骨を持った大貫一飛曹は、二五一空の陶上飛曹らと二式飛行艇でフィリピンのダバオへ飛び、そこで一五三空・戦闘九〇一飛行隊付に変わった。

歳国一飛曹、林飛長、樋口上飛の三名はトラックに残留し、東カロリン空に編入された。林飛長と樋口上飛には進級後の二十年一月に三〇二空への転勤命令が出て、同じ対応を受けた上野、東両上飛曹とともに内地へ向かう。のこる石井上飛曹は、どんな経路で内地へ帰ったのかが判然としない。その後の立場の変化もつかめないけれども、二十年四月六日に鹿児島県の串良《くしら》基地から九七艦攻で特攻出撃し、沖縄周辺海域の艦船群に突入、散華《さんげ》する。

横須賀空の「月光」一一型後期型。機体が濃緑、尾翼マークのヨ-101が黄色の初期塗装で、19年秋にはそれぞれ暗緑と赤とに塗り直される。

## 横空、出動

十九年六月十五日のサイパン敵上陸は、もう一つの夜間戦闘機隊に出動の事態をもたらした。

大本営海軍部はこの夜、横須賀鎮守府に所属の横須賀航空隊を連合艦隊の指揮下に編入。連合艦隊司令部は本土・北東方面の第二十七航空戦隊（四個航空隊）と合わせて、「あ」号作戦用の八幡《はちまん》空襲部隊を編成し、サイパン島周辺およびマリアナ方面の航空戦に用いるために、硫黄島への進出を命じた。八幡空襲部隊の硫黄島移動は、艦攻隊、陸攻隊によって六月二十日から開始された。

このころ横須賀空の夜戦隊は、戦闘機の第一飛行隊にふくまれ、飛行科が第十三分隊、整備科が第十五分隊を構成していた。兵器整備科は別に独立して、どの分隊の機についても担当するかたちだった。夜戦隊長・山田正治《まさはる》大尉の指揮のもと、「月光」六機は二十三日に横空基地を離陸したが、鳥島付近で梅雨前線にぶつかってUターン。

六月二十五日、ふたたび六機が零戦隊とともに硫黄島へ向かう。各機は機銃弾を全弾装備、翼下に増槽を二個付けたうえ、当座の飛行作業に困らないよう、胴体内に毛布を敷いて、整備員一名と工具類を納めた要具箱を収容した。さいわい向かい風で、この過荷重状態でも狭い横空基地から発進でき、途中で館山基地に不時着した機を除いて、五機の「月光」は硫黄島の南西部の千鳥（第一）飛行場に到着した。指揮官次席、南東方面の洋上飛行をこなした市川通太郎少尉にとっては、なんでもない航法である。

横空・第十三分隊待機所まえで中堅の下士官搭乗員たち。手前は左から名和寛一飛曹（偵）、藤村昌徳一飛曹（偵）、吉川誠上飛曹（操）。後ろ左から倉本十三上飛曹（操）、飯田保上飛曹（操）、瀬戸末次郎一飛曹（操）。

六月二十八日から補給船団を守る、夜間対潜哨戒を開始する。初日は午後八時から、瀬戸末次郎二飛曹―山崎静雄上飛曹と徳本正上飛曹―富田俊喜二飛曹の「月光」二機が上がった。一年前ラバウルで重爆二機を落とした徳本上飛曹は、午後九時に硫黄島の南東海域で浮上中の敵潜水艦を発見。五分後に二十五番の対潜用の二号爆弾二発を投下したが、敵はいち早く潜没したため戦果を確認できなかった。

翌二十九日も二機、七月二日と三日は一機が、それぞれ一時間半から二時間の夜間対潜哨戒を実施。敵潜水艦発見の報告を受けて飯田保一飛曹―塚越茂登夫一飛曹が出撃した七月三日をふくめて、機影を見ずに終わった。

整備員は「月光」の機内に同乗した者のほかに、八名が船で硫黄島に派遣された。和田金太郎整曹長の指揮のもと、飛行機を触れられないほど熱くなる日中は避け、夜間や黎明時の整備作業に従事した。

「胴体内が広いので、操縦索にグリースを塗るのも楽。エンジン故障は少ないが、点火栓に汚れが付きやすく、気化器の微調整が少々やりにくい。総じて、整備員を手こずらせない飛行機」が高橋礦吉整長の「月光」評だ。

七月三日の午後と四日の黎明から午後まで、敵機動部隊の一部が硫黄島に攻撃をかけてきた。横空派遣隊、二五二空、三〇一空を合わせて九〇機以上の零戦は、空戦と地上攻撃によりほぼ全滅。「月光」は翼内タンクから燃料を抜いていたため燃えず、四日に艦砲射撃を食らったおりも、破片で穴が開いた程度で、かんたんな修理をすれば飛べる状態だった。射撃に自信の操縦員・倉本十三《じゅうぞう》一飛曹が、大破した九九艦爆の旋回機銃をはずして、F6Fをねらうひとコマもあった。

艦攻や艦爆のように「月光」も昼間索敵攻撃を担当せよ、との指示が出た。山田大尉は「こんな飛行機を昼に出すのは、搭乗員を殺すようなもの。夜間作戦を受けもつ約束で来たのだから、納得できない」とはねつけたそうだ。

硫黄島では大して使い道がない「月光」を、これ以上置いたところで意味がない。過半の搭乗員は七月六日に「月光」で、残りは迎えの九六式輸送機で横須賀へ帰っていったが、同行してきた夜戦隊の整備員と兵器整備員は、乙航空隊の南方諸島空に編入のうえで硫黄島に残された。彼らは壕掘りぐらいしか仕事がなく、ここが墓場かと観念して四〇日ほどをすごした。

八月半ばに来た陸軍の食糧運搬船を見て、隊長格の山田一整曹を先頭に、陸戦隊の少佐参謀と交渉した。「私らは『月光』の整備以外には能はありません。整備した『月光』で敵機を落としてほしいのです」と訴えて、ついに許可をとり、父島経由で一週間後に横空基地に帰ってきた。

心服する工藤重敏上飛曹に「工藤兵曹、もどってまいりました！」と呼びかけると、

「高橋さん、苦労したね。また〔整備を〕お願いしますよ」とねぎらった。ラバウルやバラレ島で戦った工藤上飛曹は、離島暮らしの辛さをよく知っていたのだ。

## 香取の新夜戦隊

三二一空に続く二番目の新編・夜戦専門部隊として、十九年三月十五日に千葉県香取基地で開隊した、三二二空「電《いなずま》」部隊に配属の戦闘第八〇四《はちまるよん》飛行隊は、戦力充実をめざして努力を続けていた。

航空隊司令・棚町整中佐は三月十九日に着任。戦闘八〇四は保有機がまだ一機もないため、同じ香取にいる三二一空から、九九艦爆二機と二式中間練習機一機を借り受け、飛行隊長の児玉秀雄大尉の指揮で離着陸訓練にとりかかる。二十四日に二式陸偵一機を三二一空から借りて、やっとJ1Nシリーズ機の飛行作業に着手できた。

解隊から半月後の四月一日の装備数は、二式陸偵三機、二式中練一機、九九艦爆八機というさびしさで、ようやく四月十八日に初めて、本来の装備機である「月光」一一型三機を受け入れた。「月光」の受領がこれほど遅れたのは、二五一空をはじめ先発の各夜戦隊の消耗に、中島飛行機の生産数が追いつかないからだ。

四月二十六日に三機、五月一日に四機と「月光」を受領して、同日の装備数は「月光」一〇機（全機可動）二式陸偵六機（うち可動五機）、九九艦爆九機（同八機）、二式中練一機（同一機）と、ようやく夜戦の実施部隊らしく充実してきた。この可動率はかなり水準が高く、整備分隊長・土橋稔大尉が指揮する、西本誠一中尉らのがんばりを想像させる。

三二二空・戦闘第八〇四飛行隊の「月光」一一型が駐機場に数を増す。19年5月の香取基地で指揮所の2階から窓ガラス越しに撮影された。

着任した飛行科の幹部は、兵学校出身が六十九期の分隊長・重田文雄大尉と同・川畑栄一大尉、七十期の江口進中尉、予備学生出身は八期が梅田忠夫中尉、九期が井出伊武《これたけ》中尉と高木昇中尉、十期が三宅申一中尉。彼ら七名はいずれも霞ヶ浦航空隊の教官職からの転勤で、川畑大尉だけが偵察員、他の操縦六名のうち陸攻出身の梅田中尉以外は、艦攻からの転科だった。

十二期までの予備士官の専修機種は艦攻、陸攻、水偵が多かったため、夜戦への転科者が人数のわりに目だち、以後、夜戦隊幹部搭

新品の「月光」一一型前期生産機と戦闘八〇四の幹部搭乗員たち。手前左から梅田忠夫大尉（操）、野沢飛曹長（偵）。立つのは左から三宅申一中尉（操）、井出伊武中尉（操）、小野了少尉（操）、整備中尉。

乗員の多くを予学出身者が占めていく。

准士官以上の「月光」搭乗経験者は、厚木空・木更津派遣隊長だった児玉飛行隊長と、十三試双戦以来の夜戦最ベテラン・小野了飛曹長だけ。

「訓練はイロハからやった」と児玉さんが言うように、単発機出身の操縦員に九九艦爆で実用機の勘を取りもどさせてから、スロットルレバー二本の二式陸偵にうつった。二基のエンジンには若干の性能差があるため、二本のレバーを同等に押すと、出力に違いが出て機がかたむく。高木中尉は「ひどいときは、同調状態でレバー同士が二～三センチずれる」実情を味わっている。

幹部操縦員全員の二式陸偵および「月光」の後席に乗って、指導した小野飛曹長（五月一日に少尉）不時着時に頭に当てるため、いつも小型の座布団を持っていた。

たいてい一回だけ同乗し、「もういいですよ。立派なものです」と講評した飛曹長だが、内心はやはり「おっかなかった」のは当然だろう。

五月十六日には、前日に戦闘八〇四飛行隊に配属を命じられた依田公一、岡本宗《たかし》、平田清各予備学生ら十三期の六名が、士官偵察要員として着任。それまでの予学が一期あたり一〇〇名を越えなかったのに対し、十三期は下級指揮官の不足から一気に五〇〇〇名が採用された。彼ら六名はそのうちの少数派の前期組で、さらに実施部隊への着任が操縦要員より早い偵察要員の、そのまた一番早いグループだった。

三重県の鈴鹿航空隊で偵察教育を受けて、香取基地に来た彼らが「戦闘第八〇四飛行隊付」ではなく、「戦闘第八〇四飛行隊に配属」の辞令を受けていたのは、少尉任官までにまだ半月を残す、予備学生の身分だったからだ。戦闘八〇四では実戦能力がある士官偵察員に早く育てるため、五月下旬から一〇日間ほど茨城県の百里原航空隊で、航法・通信の再教育を受ける命令を出した。

幹部操縦員も「月光」操縦の腕前が練れていく。陸攻出身で双発機になれていた梅田大尉（六月一日に進級）を先頭に、あらたに着任した下士官兵搭乗員の教官役を、買って出られるまでに技倆が上がった。

六月十五日、井出中尉が後席に座り、木下上飛曹の操縦訓練に上がった二式陸偵は、

6月15日の生々しい事故現場。手前の水田に転がっているのが衝撃で飛ばされた「栄」二一型エンジン。

出力を失って水田に向け降下した。そのまま不時着すれば田植え中の農民をはねるから、フラップを開いて機を手前に落とす。激しい衝撃による気絶から目ざめた中尉は、上飛曹をゆすり起こして共に逃げ、大爆発からきわどく生命をひろった。

事故の経験は児玉飛行隊長にもある。五月二十二日の午前中は霧がかかっていて、大尉は偵察員に「ミストを抜けるまで、機速と高度に注意しろ」と伝えた。横空へ向けて離陸、高度一〇〇メートルまでは読み上げていた後席が声を止めたので、スロットルレバーから左手を離して伝声管を取り、速力と高度を読むように命じた。

このあとすぐに「月光」は海面に突っこんだ。風防を開くワイヤーを児玉大尉が引いたが、動かない。さきに出た偵察員が開こうとしても効果なく、胸まで来た水に「これで終わりか」と覚悟しつつ、もう一回ワイヤーを叩いたら少し隙間ができた。之を手がかりに開いて脱出し、横空基地に近かったのですぐ船が来て救われた。

墜落の原因は、押し引きないと動かないはずのスロットルレバーの、締め付けがゆるんでいて、伝声管を取ったときにもどり、出力が消えてしまったからだった。

この間の五月五日付で、三二二空の上部組織の第六十二航空戦隊は、一航艦を離れて連合艦隊付属に変わり、続いて六月十五日には連合艦隊から離れて第二航空艦隊として独立し、大本営の直属とされた。成長いまだしの一航艦がマリアナで壊滅してからは、その時点で一〇個航空隊を擁する二航艦が、海軍期待の戦力とみなされ、三二二空をふくむ各部隊は関東から九州にかけての基地で訓練を進めた。

二航艦が新編された六月十五日、米軍はサイパン島に上陸するかたわら、機動部隊の一部に硫黄島と父島を襲わせた。大本営は、敵が太平洋側から本土に接近する可能性にそなえる、東号作戦を発動。二航艦の一部隊として、三二二空・戦闘八〇四飛行隊にも作戦への協力が命じられ、児玉飛行隊長の指揮で六機が、作戦発動直後の夕方から夜にかけて横須賀基地に移動し、二十三日まで横空の指揮下に入った。

ついで七月三、四日にも、硫黄島と父島が艦上機群の攻撃を受けたため、また東号作戦が発動された。戦闘八〇四は今回も、横空基地へ「月光」の一部を派遣。同時に香取基地からも、訓練用の九九艦爆で東方洋上を索敵した。

七月十日付で二航艦の改編がなされ、所属する各航空隊の編成と編制に大幅な変更があった。特設飛行隊制度と空地分離を本格的に導入し、一〇個航空隊と付属輸送機隊一隊を五個航空隊に統合、一個乙航空隊を加えた（以上は直属）ほか、配属航空戦隊の指揮下に二個乙航空隊を新編したのだ。

甲航空隊は数は減ったが大型化し、三二二空の解隊によって戦闘八〇四飛行隊は、偵察第三および第四飛行隊とともに第一四一航空隊に編入された。

一四一空は十九年三月に開隊して、戦闘八〇四がいる香取基地に司令部を置いていた。特設飛行隊制度の導入とともにトップが交代し、新司令に垣田照之大佐、副長に中村子之助中佐が補任された。どちらも水上機操縦員出身である。

二航艦は七月二十日に連合艦隊に編入され、方針が固まった捷号作戦（後述）の区分にしたがって、鹿児島県の鹿屋基地へ移動する。これにともない、一四一空司令部と戦闘八〇四飛行隊も七月下旬に鹿屋への移動にかかった。

## 硫黄島を飛ぶ

三二一空と三二二空が解隊した昭和十九年七月十日、横須賀基地で夜戦隊をもつ第一三一《いちさんいち》航空隊が開隊した。司令は浜田武夫大佐、飛行長を水上機操縦員出身の藤村悟少佐が務めた。

一三一空に所属する戦力は、「月光」夜戦隊の戦闘第八五一《はちごおいち》飛行隊と「彩雲」偵察機隊の偵察第一一《じゅういち》飛行隊の二個隊で、どちらもやはり七月十日付の新編だった。さらに、一三一空の上部組織の第三航空艦隊もこの日の新編だから、戦闘八五一の指揮系統は上から下まで同日に新しくできた組織なのだ。

また面白いのは、新生一航艦の一五三空、二航艦の一四一空、そして三航艦の一三一空のいずれもが、偵察機隊と夜間戦闘機隊で構成されている点だ。これは明らかに、昼間と夜間の両方の索敵能力を一部隊にもたせる方針による処置で、重爆邀撃を主任務にする鎮守府所属部隊（三〇二空）の夜戦隊とはっきり異なる性質だった。

定数二四機（うち補用六機）の戦闘八五一の飛行隊長は、前章で述べたように、トラック諸島の二五一空・戦闘九〇一飛行隊長だった菅原典大尉。分

落合義章二飛曹が「月光」にもたれる。右手の横に出た斜め銃の、発射口に巻いてあるのは砂塵よけの布きれ。

隊長には三二二空／一四一空・戦闘八〇四飛行隊から転勤の、江口大尉と梅田大尉が補任された。

横須賀基地で編成しただけあって、横空からの転入者が何人もいた。ラバウル帰りで三〇二空から転勤の山野井誠上飛曹、六月下旬に硫黄島へ派遣された瀬戸末次郎二飛曹、偵察の飛練教程を終えて着任後一ヵ月あまりの落合義章二飛曹ら、ベテランと新人の混成である。三〇二空から直接に転入の金子健次郎、須藤八繁両上飛曹もいたから、ラバウル二五一空での実戦経験者が合計四名。新編夜戦隊にしては高水準の陣容だった。

木更津に司令部を置く上層組織の三航艦の、担当区域は本土近海で、なかでも硫黄島、小笠原諸島、それに攻撃目標としてのマリアナ諸島が重点だ。守備面で最重要なのは硫黄島だから、昼間防空用の零戦、索敵攻撃用の一式陸攻のほかに、戦闘八五一の一部戦力を同島へ派遣し、入出港の船団を守る対潜哨戒と夜間防空を担わせるよう手配した。

基幹員には比較的に恵まれていても、機材不足は新編夜戦隊に共通のなやみで、開隊一〇日後の七月二十日にやっと「月光」二機を受領。このころに硫黄島進出が下令され、その下準備のため二十三日に宮腰一整曹を同島へ派遣した。

「月光」三機を受け入れた七月二十八日、分隊長・江口大尉の指揮で二機に数野正幸中尉、塚越茂登夫一飛曹ら搭乗員六名が乗り、輸送機にもう一個ペア二名と整備員四名、兵器整備員二名が便乗して、横空基地から硫黄島・千鳥飛行場に進出。彼らのうち瀬戸二飛曹にとっては、横空在隊時の六月下旬についで二度目の硫黄島派遣だった。

戦闘八五一硫黄島派遣隊は乙航空隊・南方諸島空の指揮下に入り、八月一日から作戦飛行を開始。まず昼間の対潜哨戒、船団の対潜直衛を手がけ、地形や飛行場になれると薄暮、夜間の哨戒に移行した。以後一日に二〜四機、ときには単機での昼夜間の哨戒飛行を、四組のペアが交代で実施したが、夜間空襲は一度もなく、潜水艦らしいものを見つけるのもごくまれだった。この間の八月五日には、出浦新一少尉ら五名の整備員と兵器員が送りこまれ、機器材の保守能力を高めた。

しかし、占領されたサイパン島に第7航空軍のB－24Jが進出し、八月十日から硫黄島に昼間空襲をかけ始めた。加えて月末には米機動部隊が、巡洋艦の艦砲射撃と搭載機による空襲を加えてくる。

一ヵ月以上を硫黄島で作戦した江口大尉らと交代するため、梅田大尉指揮の三個ペア六名は八月末日に、零式輸送機で硫黄島に到着した。江口大尉ら七名はこの機に乗って帰り、先任分隊士の数野中尉だけが引きつぎのために残った。

三三二空／一四一空・戦闘八〇四と同じ香取基地の指揮所ベランダで駐機場にならぶ「月光」と地上員を見る飛行隊長・江口進大尉（操。手前）と分隊長・梅田大尉。

梅田大尉が南方諸島空の司令部に出向き、着任のあいさつをしているとき、爆撃と艦砲射撃にあいついで見舞われた。豪快な性格で、空襲中にも平然と外を歩く数野中尉は、機材の損耗を気にかけ、「飛行機を見てきます」と防空壕を出ていった。ちょうどそのとき二十五番爆弾の誘爆に襲われて、中尉は即死し、硫黄島派遣の「月光」隊員のうち最初の戦死をとげた。

七月下旬に一四一空・戦闘八〇四飛行隊が鹿屋へ出て、すいた香取基地に、入れ替わって一三一空・戦闘八五一飛行隊の本隊が八月一日に横須賀基地から移動。人員と機材の受け入れを進め、飛行訓練のかたわら洋上哨戒を担当していた。

八月四日には、予学十三期で実施部隊への着任が早い、前期組偵察員の鞭杲則《むちしげのり》、佐藤健《たけし》、貝塚博、小林大二各少尉の四名が、三〇二空から転勤してきて、士官搭乗員の層に厚みが出た。八月末日の可動数は「月光」一一型八機（うち二機は硫黄島）、九九艦爆、二式中練、九三式中間練習機、九〇式機上作業練習機が一機ずつ。三〇二空では飛行作業が少なかった彼らは、九三中練での航法訓練、九〇機練でのクルシー（帰投方位測定装置）操作、爆撃照準訓練にはげんだ。

梅田大尉、土井長《どいなが》辰夫飛曹長らとの交代に、「月光」二機に六名が乗って、九月二十日に硫黄島にやってきた。このうち山野井、金子、須藤各上飛曹はラバウル帰り、指揮官の土井長飛曹長の偵察キャリアは長く、富田二飛曹は横空勤務時に硫黄島へ派遣された経験者だ。戦闘八五一ではトップクラスの隊員たちと見なしていい。

江口大尉らが初進出時に乗ってきた「月光」二機のうち、一機は数野中尉戦死時の攻撃で壊された。無傷のもう一機を梅田大尉が操縦し、残りの搭乗員は輸送機に便乗、零戦六機をつれて帰っていった。地上員も、月末までに村山明少尉以下の整備員と兵器員六名が来て、二ヵ月近くも硫黄島ですごしていた出浦少尉ら六名と交代した。

## 食われる「月光」

山野井、金子、須藤上飛曹ら戦闘八五一の三個ペアは、一～二機での対潜哨戒と船団直衛、それに探照灯照射や零戦の攻撃目標機を務めたほか、昼間の進撃哨戒を何度

サイパン島のアスリート飛行場はイスリイ基地に変わり、P-47D「サンダーボルト」戦闘機が進出した。これは瀧飛長―金子上飛曹機を撃墜した第19戦闘飛行隊の待機状況。

もこなしている。

進撃哨戒とは敵のいる方向への哨戒飛行を意味し、空母機動部隊に出くわせばF6Fの餌食《えじき》はまず避けられない。またサイパン島には、基地防衛用にリパブリックP-47D「サンダーボルト」がいるから、南下中に襲われる可能性がある。ラバウル帰りの腕を見こんだのかも知れないが、かなり危険な任務だった。

彼らが硫黄島に来て一ヵ月たった十月二十一日、危惧は現実に変わった。午前中に進撃哨戒に出た瀧《たき》竜馬飛長―金子上飛曹のペアが帰ってこなかった。

P-47の航続力が及ばないため、B-24Jは掩護戦闘機なしで硫黄島に昼間空襲をかけてきた。零戦から銃撃や三号爆弾攻撃を加えられる重爆に、P-47部隊は少しでも力になろうと、十月二十一日の爆撃行には行動半径いっぱいの硫黄島の南まで随伴した。正午が近いこのとき、第19戦闘飛行隊のチヤールズ・W・テナント大尉は、南硫黄島の南方三〇キロあたりの空域で、双発の「二式複戦《ニック》らしい機」が一機だけで飛んでいるのを見つけ、追いかけて撃墜した。

こんなところを陸軍の「屠龍」が飛んでいるはずはなく、これが瀧—金子ペアの「月光」なのは明白だ。二年半前に十三試双戦で初めてラバウルへ向かった九人のうち、「月光」制式化後に戦死したのは金子上飛曹だけだった。

つぎの交代派遣要員は酒井洋中尉、吉川真上飛曹たち四個ペア八名。そのうち野口義成飛長と藤原義夫飛長は、戦死した瀧飛長とともに特乙一期の出身である。

特乙とは、乙飛予科練志願者のうち十六歳半以上の年長者から採用し、二〜三年かかる地上の予科練教育を半年に縮めて飛練へ進ませる、いわば促成コースだ。一期と二期の合計二二〇〇名は若年ながら、大戦末期の苛烈《かれつ》な一年余を果敢に戦い、半数が戦没した。戦闘八五一飛行隊でも、高難度な夜戦の訓練をハイティーンの若さでこなし、秋には実戦可能の状態に達していた。

二十代前半の十三期予備学生も、仕上がりが早い前期組の偵察員はこのころ、搭乗割（出撃メンバー表）に入れる技倆を身につけていた。今回の第四次派遣の指揮官に当初、そのうちの一人の鞭少尉が指名されているのが、彼らの上達ぶりを示す。結局、兵学校七十二期出身の偵察員・酒井中尉のつよい希望で交代し、それが中尉の戦歴を閉ざす結果につながった。

「月光」の硫黄島進出は、燃料にゆとりをもたせるため、香取基地よりも五〇キロ以上南寄りの木更津基地から離陸するのが常だった。十月三十一日と十一月一日に酒井中尉ら四個ペアは木更津を出発し、入れ違いに翌二日、金子上飛曹と瀧飛長の遺骨を抱いた、山野井上飛曹ら四名が香取基地に帰還した。

硫黄島では二機の可動「月光」を用いて、B-24昼間邀撃と、十月下旬から始まった小規模の夜間侵入に対する邀撃を実施。十一月の五日と八日には、サイパン島に進出した第20航空軍のB-29（後述）を迎え撃ったが、成果はなかった。B-24に対しては十一月十日、十二日、十四日に一機ずつの撃破を記録した。

単機での昼間邀撃を主体に、作戦飛行を続けた硫黄島派遣隊は、十一月二十四日に指揮官を失う。早朝に千鳥飛行場を発進した酒井機は、南南東へ飛び続け、サイパン島西方一五キロほどの空域で、第73戦闘飛行隊のオーウェン・R・マッコウル中尉のP-47Dの射弾を浴びて墜落した。マッコウル中尉は相手を「月光《アービング》」と正確に判定している。

酒井機の目標が、サイパン島のB-29基地にあったのは間違いあるまい。しかし、一〇〇キロ／時も速い偵察機「彩雲」でも危険なサイパン偵察を、鈍足の「月光」にやらせた理由は不明だ。ちょうどこの日はB－29が東京初空襲をかけてきた。B－29群のサイパン島離陸と同じころに硫黄島を出た酒井中尉は、途中ですれ違う超重爆編隊の銀色の巨体を見たのだろうか。

十一月一日の時点で「月光」一三機（うち可動一〇機）を装備する香取基地の戦闘八五一本隊では、二日から江口大尉の指揮で、牛嶋静人飛曹長、落合一飛曹ら搭乗員一〇名と四機を厚木基地へ派遣した。一日にB－29偵察機型のF－13Aが初めて関東地方の上空に侵入したため、防空部隊の三〇二空の邀撃に協力するのが目的だった。

五日から三日間、戦闘八五一から延べ八機が出動したけれども、一万メートル以上の高空を飛ぶF－13の捕捉はかなわない。真珠湾攻撃から南太平洋海戦まで空母で作戦した、ベテラン偵察員の牛嶋飛曹長は、ターボ過給機からの白煙を引くB－29を追って、性能の隔絶を思い知らされた。

厚木派遣隊は無為のまま、十一月十七日と十九日に二機ずつ香取へ帰っていった。十一月十五日付で三航艦の大幅な改編がなされ、戦闘八五一飛行隊は一三一空から抜けて、北東方面守備の第十二航空艦隊の麾下部隊、乙航空隊・北東空の所属戦力に変わった。このため、基地に指定された北海道・千歳への移動が急がれての、厚木基地引きあげだった。

十一月下旬に入ると移動作業が進み、硫黄島派遣隊も酒井中尉らが戦死してまもなく撤収された。また江口大尉は、交代に三航艦の戦力に組み入れられた新編の、戦闘第八一二飛行隊（後述。二〇三空に所属）の分隊長に補任され転出した。

一〇ヵ月にわたった「月光」とマリアナ諸島との直接的なかかわりは、こうして終わった。期間が長いわりに規模は小さく、成果も目立たない地味な状態が続いた。中部太平洋では「月光」が偵察攻撃機《スカウトボマー》的に使われ、それが夜間戦闘機にとって不本意な用法とはっきり証明された、と言えるだろう。

# 5　本土防空戦の開幕

## 北辺の戦場

「月光」搭乗員養成の厚木空・木更津派遣隊は、第二〇三航空隊の派遣隊とされたのち、昭和十九年（一九四四年）三月十四日付で第三〇二航空隊に編入された。いわば〝組織ごとの転勤〟のようなものだ。

そのうち、操縦員の前原真信飛曹長、馬場康郎上飛曹、佐藤忠義上飛曹、偵察員の甘利洋司飛曹長、田中竹雄上飛曹、宮崎国三一飛曹の六名は、ふたたび二〇三空付に復帰する。北東方面守備の第十二航空艦隊・第五十一航空戦隊の一戦力として、北海道から北千島へ向かうためである。（２５０ページ参照）

米航空兵力が北千島爆撃に向けた規模は小さかったが、「本土の一角たる北千島を奪われてはならない」との緊張が、大本営に十九年春の千島列島に対する陸海軍航空部隊の進出を決意させた。五十一航戦の四個航空隊が千島に送られ、うち三個航空隊

北千島要図

が占守島と幌筵島からなる北千島に基地飛行場をもった。

　前原飛曹長ら六名は三機の「月光」一一型に乗り、やはり北海道経由で千島へ向かう陸軍飛行第二十戦隊の一式戦闘機「隼」二型を誘導しつつ、千歳基地に到着。三月三十日に到着していた本隊の零戦隊（戦闘第三〇三、第三〇四飛行隊）と合流ののち、ひと足さきに四月十八日、列島最北端に位置する占守島の片岡（第一占守）基地に進出した。

　冬は零下一〇～二〇度の酷寒と積雪、春から夏はたちまち島を隠すほどの濃霧、そして一年を通じて吹き荒れる強風。本土のさいはて、北千島の環境は飛行部隊にとって劣悪だった。片岡基地に着いた馬場上飛曹は、やっと降りられる幅だけを除雪した滑走路の両側に、うず高く積まれた雪を見て「こんな所ですごすのか」とわびしさを感じずにはいられなかった。ただし、二〇三空がまだ厚木基地にいた三月下旬に先遣された地上員が、最小限の受け入れ準備をしておいてくれたのが救いだった。

一隊三機つまり一個小隊は、すべての「月光」隊のうちで最小だ。彼らは二〇三空に所属し、整備保守や作戦上の支援と指揮を受けているが、これはあくまで便宜上の区処で、運用上の性格を見れば、五十一航戦司令部の直属戦力とみなし得た。五十一航戦ではこの夜戦小隊を第一「月光」隊と呼んだ。

アリューシャン列島から飛来する米陸軍第11航空軍のB－24、海軍爆撃飛行隊のPV－1「ベンチュラ」哨戒爆撃機の主目標は、陸海軍の施設が集まる占守、幌筵両島をへだてる幌筵海峡の沿岸部。昭和十八年の秋に占守島の高台・別飛《べつとぶ》と蔭ノ潤《かげのま》に設置された地上用レーダー一号電波探信儀一型が、かなりの確率で敵機を捕捉してくれるのが邀撃に役立った。継続的な哨戒飛行をしなくてすむからだ。

「月光」は片岡に進出してすぐに、警戒態勢に入った。四月二十五日に零戦隊の第一陣がやってくると、日没から日の出までを「月光」が、日の出一時間前から午後四時までを零戦が、それぞれ出動即応態勢で待ち受けた。レーダーが一〇〇～二〇〇キロ遠方の敵に感応し通報すると、ただちに舞い上がるのだ。

アッツ島から来襲するPV－1を、初めて「月光」が追ったのは、四月二十五日。蔭ノ潤見張所のレーダー情報を受けて、午前零時五十分に二機が発進した。占守島内陸部の三好野《みよしの》上空で、探照灯に捕まった敵機を追ったけれども、灯の数がごく少なく、すぐに照射圏外へ逃げられてしまった。しばらくのちに光芒に照らされたもう一機も、高度差がありすぎて捕捉できなかった。

五月五日の夜にもレーダー情報で「月光」二機が上がったが、同様のパターンで攻撃できず、B－25は投弾して去った。前回も今回も着陸時に一機が破損しており、特有の天候での視界不良や基地の夜間設備のとぼしさが想像される。霧がひどいと一寸先も見えず、幌筵島の北ノ台飛行場に降りる場合もあった。

翌日の五月六日付で「月光」小隊は二〇三空の所属から離れ、五十一航戦司令部に直属の夜戦隊へとポジションを移した。収まるところに収まったわけである。ただし、占守島での作戦指揮はそのまま二〇三空から受けた。

占守島片岡基地での第五十一航空戦隊司令部付属夜戦隊の搭乗員と「月光」。立っている左から馬場康郎上飛曹（操）、佐藤忠義上飛曹（操）。そのほかは新たな転入者のようだ。

五十一航戦司令部夜戦隊の定数は、丙戦〇・五個飛行隊一二機（うち補用三機）と

幌筵島へ攻撃に向かう第135爆撃飛行隊のPV-1「ベンチュラ」哨戒爆撃機。

四倍に増えた。本拠地は千歳、前進基地が五十一航戦司令部が置かれた北海道東部の美幌《びほろ》とされ、作戦基地・占守島の隊員たちは占守派遣隊と呼ばれた。また、以前から第一「月光」隊と称していた占守の夜戦隊に対し、千歳と美幌の後方戦力を第二「月光」隊と名づけた。

隊名が変わって一週間たった五月十三日、三日目の邀撃で、北千島の夜戦隊にとって唯一の戦果があがった。

蔭ノ澗情報により午後九時二十五分に離陸した馬場上飛曹—甘利飛曹長の「月光」は、一四分後に占守島南岸沖でPV－1を捕捉し、後下方から二〇ミリ弾を浴びせて撃墜した。来襲したのは第135爆撃飛行隊の所属機で、同隊は五月上旬～六月中旬に三機を失っており、その一機が「月光」に落とされたものと思われる。別に上がった前原飛曹長—宮崎上飛曹（五月一日進級）機は、離陸後の連絡がなく、未帰還の処置がとられた。

一機撃墜および一機未帰還は、隊員たちに「月光」同士の味方撃ちの疑念をもたらした。しかし「B-25を落としました」と報告した甘利飛曹長の言葉を、虚偽とは決めつけまい。多からぬ来襲機数、広からぬ邀撃空域へ、同時に二機を上がらせた戦術的な手落ちと、味方識別装置が未装備の夜間戦闘機の未熟がなした、受け容れがたい結果であったとしても。

その後も敵来襲のつど「月光」はたいてい一機、まれに二機で夜間出動し、零戦少数機が加わる場合もあったが、攻撃の機会を得られなかった。戦力は可動一機、整備中一機の状態が続き、五月末日にようやく美幌から二機が、新しい搭乗員とともに片岡に到着した。

**訓練は美幌で**

六月からは来襲機の多くをPV-1が占めた。機動力があり、投弾後の最高速力は「月光」と同等な、この敵機の捕捉は容易ではない。接近してもすぐ洋上へ抜けられてしまう。そのうえ中旬には、敵が攻撃効果の高い昼間作戦に移行したため、片岡基地の「月光」は出番そのものが減った。

六月の夜間邀撃は二回、延べ二機にすぎず、ほかには敵船団の索敵が同じく二回、延べ二機（着陸時に一機大破）だけ。あとは、北海道から送られてくる搭乗員の慣熟飛行は昼間に五回、延べ九機という閑散ぶりだった。七月には、いっそう飛行の回数が減る。可動もたいていは一機だけなので、第一「月光」隊と呼ぶには面《おも》はゆい感があった。

北海道の美幌基地の方へは、三〇二空経由などで少しずつ「月光」が届き、訓練を進めつつ上空哨戒や索敵を実施していた。定数一二機なら搭乗員は予備を入れて約三〇名、夜戦によるたいていの作戦に対応可能な戦力だから、空中指揮官を務める隊長が必要だ。

選ばれたのは三座水偵操縦員で、重巡洋艦「愛宕」の零式水偵に乗りマリアナ沖海戦に参加した、兵学校六十八期出身の徳倉《とくら》正志大尉。戦い敗れて沖縄の中城《なかぐすく》湾に入港したとき、五十一航戦司令部付予定者の辞令を受けた。付属夜戦隊長への内示である。陸上機への転科を希望していたから渡りに船で、まず三〇二空で「月光」の操縦訓練につとめ、反跳爆撃の訓練まですませたという。

盛夏の千歳に着任した徳倉大尉は、いったん美幌へ飛んで隊の状況を把握。ふたた

昭和19年6月、厚木基地付近の畑に胴着した室住賢一一飛曹―池田秀一二飛曹の「月光」一一型前期型。尾翼に書かれた741は五十一航戦司令官麾下の第1部隊を示す。

び千歳にもどって夜間飛行と反跳爆撃の錬成の指揮をとった。

反跳爆撃はマリアナ決戦後、零戦隊までが訓練した流行的な攻撃法だ。高度三〇〜五〇メートルの超低空飛行で敵艦に迫り、距離五〇〇〜七〇〇メートルで爆弾を投下。海面でスキップさせて敵の舷側にぶつける変則的な照準方式で、戦闘飛行隊と攻撃飛行隊で広く訓練されたのに、実戦にはほとんど用いられなかった。専用爆弾も配備されず、理論と想念が先行しただけで終わった。「月光」搭乗員に機動を教えたのは、索敵攻撃時に使う考えがあったからだろう。

若年搭乗員が逐次、千歳に集まってきた。甲飛十一期出身者について見てみよう。

三月に飛練教程を終えて三〇二空で二ヵ月をすごし、生え抜きの夜戦乗りのコースに乗った池田秀一《ひでかず》二飛曹は、航法などひととおりを身につけて赴任する直前の六月、五十一航戦用の「月光」試飛行のさい、離陸後のブースト圧低下で厚木基地に近い畑に胴体着陸。前席の室住賢一一飛曹ともども無傷という運のつよさを味わっていた。同期生たちと千歳に転勤したのは八月の初め。夜間訓練がはかどりを見せ、占守の第一「月光」隊へ交代の機が出ているころだった。

先に同期偵察員の平原郁郎二飛曹が着任しており、池田二飛曹にやや遅れて八月のうちに、やはり三〇二空での訓練をこなした金子寛《ひろし》二飛曹がやってきた。そしてこのころ、「行きっぱなし」だった最初の占守進出搭乗員、ベテラン馬場上飛曹らが千歳に姿を現わした。

甲飛十一期の操縦員で、二座の水上機から陸上機に転換した寺井誠二飛曹は、十月の美幌に着任すると、二～三日後に千歳行きを命じられた。陸上機慣熟用の赤トンボにいまさら乗るのも照れくさいので、「上がれば同じ」とすぐ「月光」の操縦訓練にかかる。彼は「月光」が性《しょう》に合って、のちの搭乗する「彗星」にくらべ、安定感がある飛行機と好感をもった。

二〇三空の本隊（零戦）が占守島から美幌基地に引き揚げたため、占守派遣の第一「月光」隊はその指揮下をはなれ、同じ片岡基地に派遣隊を出している艦爆部隊五五三空の指揮を受ける措置がとられた。第一「月光」隊が九月一日に装備していたのは

千歳基地に置かれた五十一航戦付属夜戦隊の「月光」一一甲型。翼根に立つ右側は寺井誠一飛曹（操）。乗降に使うハシゴが胴体側面に付けてある。

三機で、主力の第二「月光」隊七機は美幌にあったが、十月一日付で五五三空は解隊にいたり、まもなく第一、第二両「月光」隊とも千歳基地に呼びもどして合流。

一つにまとまった五十一航戦司令部付属夜戦隊は十一月一日、定数二四機（うち補用六機）の戦闘第八一二《はちひとふた》飛行隊に改編され、飛行隊長にはそのまま徳倉大尉が補任された。戦闘八一二飛行隊はふたたび二〇三空に所属し、冬の接近もあって低調化した北東方面の戦場にはもどらず、火急の決戦場フィリピンをめざす。

すでに二〇三空本隊の零戦隊は九月上旬以降、美幌から南下の道をたどり、フィリピンで戦って十一月なかばから内地への引き上げに移るところだった。したがって戦闘八一二の二〇三空再編入は、たんにフィリピン進出のための形式的な処置にすぎない。

南下のため、徳倉大尉が指揮する戦闘八一二の主力が、千歳基地を発進したのは十一月十五日。千歳の「月光」は定数に及ばなかったので、若年の一部搭乗員は千歳に残った。

### 陸軍部隊と同居

付属夜戦隊が戦闘八一二飛行隊に改編されて半月後の十九年十一月十五日、米軍が千島列島に来攻する可能性はうすまって、五十一航戦は解隊を迎える。北海道から千島にかけての守備範囲を、十月一日付で新編の北東航空隊が肩がわり。北東空は乙航空隊ながら、多少の航空戦力を保持し、小規模な作戦を続行した。

前章の末尾で述べたように、一三一空から離れた十一月十五日、戦闘第八五一飛行隊は北東空に編入され、司令・藤野寛《ゆたか》大佐の指揮を受ける。飛行隊長は一三一空当時と同じ菅原興大尉、定数も二四機のままだが、飛行科先任分隊長の江口進大尉が戦闘八一二飛行隊へ転勤して、次席分隊長の梅田忠夫大尉が昇格。特務士官の熊谷吉松大尉が転入して、後任分隊長に補任された（当初は隊付《たいづき》だったともいう）。

北東空に編入後、戦闘八五一飛行隊はすぐに千歳基地へ移動。ちょうど、フィリピンへ向かって南下を始めた戦闘八一二飛行隊と入れ替わりのかたちだ。主任務は製鉄

佐久間秀明少尉（操）は12月30日に樹林に突っこんだが無事だった。足元に排気管が見える。

所がある室蘭の防空だが、邀撃の機会はなく、夜間の離着陸や航法訓練など錬成を進めた。訓練に事故は付きもので、高度二〇〇メートルで失速旋回、白樺林に突っこんで無傷（後席は重傷）の佐久間秀明少尉のケースもあった。

時には陸軍照空部隊の照射訓練に協力して目標機を務めたりした、戦闘八五一の「月光」は、千歳では二〇ミリ上方銃三梃装備の一一甲型が多かった。作戦飛行は皆無ではなく、千島方向へ一～二線、一線につき一機の日施哨戒に出たほか、南千島択捉島《えとろふとう》の天寧《てんねい》基地へ派遣隊が出された。

十二月初め、熊谷大尉の指揮で四機が天寧に進出。沿岸から一〇〇キロの洋上を一時間ほど飛んで、輸送船の航路の対潜哨戒にあたるのが任務だった。ちょうど降雪がさかんな時期で、熊谷大尉とペアを組んだ麻生正平少尉の「月光」が、積み上げた雪の側壁にぶつかって壊れた。しかしこれが唯一の事故で、この機も年末には修理できた。実際に対潜攻撃を加える場面はなかったようである。

山崎重雄二飛曹の操縦で探照灯の目標機も経験した佐藤健少尉は、千歳基地に同居している陸軍の双発機を「百式司偵かな」と思っていた。これは陸軍飛行第五十四戦隊の二式複座戦闘機「屠龍」で、新屋《しんや》弘市少尉を長として、札幌と室蘭の夜間防空のために十一月下旬に札幌・丘珠《おかだま》飛行場から移ってきたのだ。

夕暮れの千歳基地から離陸にかかる戦闘八五一の「月光」を、陸軍の飛行第五十四戦隊・残置隊員が見送る。

五十四戦隊の本隊は一式戦闘機を装備し、十月下旬に決戦場フィリピンへ去ってしまい、四機の複戦小隊だけが残置された。新屋少尉以下一四名の隊員は、独力では万事を維持しきれない小さな規模なので、千歳基地で海軍の世話を受ける処置がなされた。海軍宿舎に入り、食料などはすべて海軍の給与を受ける。燃料から食事までたいていが陸軍のものより上等で、タバコも「ほまれ」よりずっと高級な「桜」（旧称チェリー）をわたされた。

複戦小隊は第一飛行師団の命令に従うから、指揮系統は別で訓練時間も分け、それぞれ斜め銃と上向き砲を付けた相手の飛行機への乗り合いもしなかった。けれども戦闘八五一飛行隊の隊員とは和気あいあいで、昭和二十年の元旦に「月光」が千歳を発つまで、両隊のトラブルはなんら生じなかった。

戦闘八五一は二五機、複戦小隊は四機と装備規模に違いはあっても、陸海軍の夜間戦闘機隊が同一飛行場に、同一目的で同時に配置された例は、ほかに見当たらない。

### さまざまな隊員たち

ずいぶん先へと進んだ話を、十九年四月の第三〇二航空隊へもどそう。

海軍にとって初の本土防空専任部隊である三〇二空は、横須賀基地で「雷電」と零戦を、木更津基地で「月光」、零戦、二式艦偵（陸偵隊用）といった実用機と、二式中練、九九艦爆などの練習用機材を、それぞれ集めつつあった。

「月光」は、二〇三空・木更津派遣隊から受けついだ一二機（二式陸偵と球型銃塔付きの観測機型をふくむ）のほか、三月中旬以降、中島・小泉製作所と木更津の第二航空廠から一一型の新造機を補充。北千島へ向け三機を送り出したのちの、四月一日の時点で一五機の可動機があった。

同じころの「月光」搭乗員は約五〇名。分隊長は、先任の児玉秀雄大尉が戦闘八〇四飛行隊長に補任されて抜けたままで、遠藤幸男中尉一人だけ。彼と澤田信夫飛曹長、大沼正雄上飛曹、岡戸茂一飛曹、やがて横須賀空へ転出する山野井誠上飛曹および金子健次郎上飛曹、須藤八繁一飛曹の、ラバウル帰りの基幹員七名をのぞけば、第二期と第三期の錬成員ばかりだった。

三月に木更津に来た第三期錬成員のうち、陸攻操縦員の実用機教程を終えた大橋功《つとむ》上飛は、双発機経験者なのですぐに「月光」の操縦訓練にかかり、良好とは言えない低速時の飛行特性にも、とりたてて違和感を覚えなかった。その後ひととおりの操訓を終え、五月に進級した大橋飛長は、つぎのステップの昼間の対重爆攻撃訓練に移行する。「月光」が曳航する吹き流しを斜め銃で撃つ曳的射撃だ。

その帰り、振動がきて片方のエンジンが停止。いきなり表れた未経験の事態に驚いて、ゆるく滑空するところを、機首を下げ降下に入れてしまった。主翼がたわみ、空中分解まぎわかと思うほど速力がついた「月光」を、思いきり操縦桿を引いて姿勢をもどし、フラップを開いてブドウ畑にすべりこんだ。さいわい飛長にも後席の井上二飛曹にもけがはなく、またメインスイッチをすばやく切ったため発火にいたらなかった。三度の不時着経験で壊れる「月光」の製造価格を差し引いても、充分あまる戦果をもたらす彼の、最初のアクシデントだった。

ラバウルでなんども出撃しながら、撃墜戦果を得られなかった遠藤中尉は、錬成員の教育に骨身を惜しまなかった。地上では操縦の上達につながる歩行法などを案出して教えた彼を、「訓練では非常にきびしいけど、普段はやさしかった。昼間の射撃訓練のとき、恐ろしいほど曳的機に近づいてきた」。二期錬成員で偵察の飛長だった、磯村義文さんは思い出す。

「月光」の丙戦隊は二個分隊編制だから、分隊長がもう一人必要だ。その役を二ヵ月ほど勤めたのが、四月初めに着任した、丙戦隊最先任で飛行長付の森国男大尉である。「彗星」夜戦分隊（後述）が新設され、その分隊長に補任されるまで「月光」を飛ばした森大尉は、漫画の「フクちゃん」が大好きだった。

整備分隊もふくめて丙戦隊をフクちゃん部隊と名づけ、自分がフクちゃんで、幹部に漫画の登場人物をあてはめた。「月光」整備分隊の基盤を作ったのち、七月に横空へ転勤する廣瀬行二中尉はアラクマサンだった。

木更津基地の丙戦隊への着任者は、錬成要員が過半を占め、人数も多かった。予学十三期出身者は、まだ少尉任官前の五月なかばに着任した偵察員の金沢久雄、土屋良夫、鞭杲則《むちしげのり》、小林大二予備学生（五月末日に少尉）たちに続いて、操縦員としては異例に早い五月下旬の実用機教程卒業者、齋部《いんべ》元宣《もとよし》少尉と佐藤隆少尉（同）がやってきた。

木更津基地での三〇二空の「月光」同士の走行事故。この194号機がぶつかったのが原因だろう。可動風防の開時の支柱、消炎用排気筒、ナセル後端下部のフラップ用ヒンジ、上下の斜め銃などの状態を視認できる。

同じ五月下旬に着任の下士官兵搭乗員は、乙飛十七期出身の偵察員と特乙一期出身の操縦員である。前者は大井航空隊、鈴鹿航空隊で教育を終えた花井輝男、北川良逸《りょういつ》、松原昇、松野輝男各二飛曹たち、後者は大河幸造、戸田利夫、界外芳光、園田一康各上飛たちで、宇佐航空隊から来た艦爆乗りからの転科だった。彼らと同期の者が陸偵隊にも着任した。

奇妙なのは特乙一期の操縦員についてで、双発の「月光」へは単発の艦爆専修者、単発で元が艦爆「彗星」の二式艦偵を使う陸偵隊へは双発の陸攻専修者と、修得機種の特性を無視した振り分けがなされた。「月光」の操訓を始めた大河上飛は、双スロットルレバーにとまどって当然なのを、指南役で同乗していた先任者に叱られた。夜戦でもいちおう戦闘機だから、機動力に対応可能な艦爆からの転科者を、との判断による配分なのだろうが、陸攻専修者を「月光」要員にあてても、支障は少しも出なかったはずだ。

## ゼロヤセン登場

神奈川県中部に位置する厚木基地を使っていた厚木航空隊が、二〇三空に改編されて四〇日後の三月三十日、この零戦隊は北海道へ向かった。入れ替わって第三〇一航空隊の戦闘第三一六飛行隊と、輸送部隊の一〇八一空が〝入居〟した厚木基地へ、横須賀基地に〝居候〟する三〇二空・乙戦隊(「雷電」分隊)と零戦分隊が、移動を始めたのが五月一日。一ヵ月後の六月初めには、木更津基地から丙戦隊と陸偵隊が移動を開始する。

十八年七月に夜戦搭乗員を養成の目的で設けられ、厚木空から二〇三空へ、さらに三〇二空へと受けつがれた木更津派遣隊の名は、一一ヵ月で消えた。三〇二空にとってこの時点で、横須賀鎮守府内に本部(司令部)を置き、実戦力は厚木基地に集めて厚木派遣隊と称する、敗戦の日まで続くかたちができ上がった。

五月一日の零戦保有数は三一機（うち可動二八機）。これは、横須賀基地から移ってきた零戦分隊用と、乙戦隊が木更津基地に置いていた訓練用の補助機材を、合わせた機数である。

三〇二空の編成表の戦闘用機は、乙戦「雷電」と丙戦「月光」が二個分隊ずつで、甲戦の零戦はそもそも入っていなかった。それを一個分隊だけ用意し始めたのは、分隊長に補任される荒木俊士《しゅんし》大尉（水上戦闘機から）、先任分隊士の森岡寛《ゆたか》中尉（艦爆から）ら他機種からの転科操縦員にとって、翼面荷重が高く飛ばしにくい「雷電」よりも、すなおで扱いが容易な零戦に乗った方が、有効な戦力でありうるからだ。二座水偵や艦爆から、ますます足りない戦闘機乗りに変わる操縦員が増え始めたころだ。防空戦闘機部隊への零戦導入は必然と言えた。

「月光」分隊の駐機場で受領したての新しい「月光」と整備班長。後方に零戦が見える。

　四月下旬、練習航空隊で偵察員教育用の機上作業練習機を操縦していた、植松七五三蔵《しめぞう》一飛曹、西村實《みのる》二飛曹たち丙飛予科練出身の一二名が着任し、零戦分隊の人数が急に増えた。このうち戦闘機専修者は二名だけ、残りは水上機や陸攻からの転科だった。

零戦分隊はやがて、思いがけない方向へ発展する。そのきっかけの第一は美濃部正大尉の着任だ。

ソロモンの水上機部隊・九三八空の飛行隊長時代に、零戦に爆弾を積んで、航法にたけた水上機操縦員が敵基地に夜襲をかける戦法を思いついた。ようやく十九年三月に戦闘第三一六飛行隊が編成されて実現にこぎつけ、敵空母への夜間銃爆撃をめざして、厚木基地で訓練を開始。ところが所属航空隊の司令・八木勝利中佐は、戦闘三一六を対戦闘機戦に使うつもりでいたため、たがいに譲らず、美濃部大尉は五月下旬に飛行隊長職をはずされてしまった。彼の転勤先が三〇二空である。

司令・小園中佐は美濃部大尉の人物を見抜き、能力を買って、夜戦の面倒をみてもらいたいと考えた。当時の三〇二空は、機種ごとの分隊を合わせて一個飛行隊を形成しており、飛行隊長には兵学校同期の山田九七郎大尉が補任された。したがって美濃部大尉は、正式な書類上は隊付《たいづき》で、実質は「第二飛行隊長」のポジションを与えられた。

美濃部大尉の目にとまったのは当然、零戦分隊である。幹部と隊員の主体が水上機出身なのが注目点だ。大尉は司令から、零戦分隊を夜襲隊に変える許可をとりつけ、零夜戦《ゼロやせん》分隊への移行が実現した。

戦力の半数を未明の索敵に出し、敵空母を見つけたら残る半数が爆装で出撃。黎明時の空母を襲って、甲板上にならんだ発進直前の艦上機群を爆撃と銃撃でつぶしてしまう。これに、航法能力が高い「月光」を組み合わせれば、機動部隊の捕捉の可能性がより高まる——この美濃部流戦法は、重爆邀撃に主眼を置いた通常の夜間戦闘機の用法とは、まったく別種の発想、別種の内容だった。

きっかけの第二は、小園司令の斜め銃偏重主義だ。重爆攻撃の同航戦のほかは、空対空ではちょっと使い途《みち》がない斜め銃を、単発単座戦闘機にも装備すれば絶対に有利、と信じこんでいた。だが、動きが激しい戦闘機対戦闘機の昼間機動空戦に、ヤブにらみの斜め銃

19年7月中旬、東宝映画俳優が慰問来隊のおりの集合写真（部分）。前列二種軍装が小園中佐、女優・花井蘭子、飛行隊長・山田九七郎大尉（操）、後列左から陸偵分隊長・佐久間武大尉（偵）、三〇二空付（第二飛行隊長）・美濃部正大尉（操）、臨時の隊付・徳倉正志大尉（操）。

が当たるはずはない。

上昇力と高速が生命の「雷電」にも斜め銃を付加しようとし、飛行長・西畑喜一郎少佐からたしなめられても聞き入れなかった小園中佐は、美濃部大尉にも斜め銃装備の零戦を使うよう要請した。零戦を夜間主体に用いるつもりの大尉は、重爆攻撃なら「月光」と同じ戦法でいいのだから、充分に可能と考え、「あるものは使えますよ」と答えた。

これで零戦の夜戦型化と武装が決まった。美濃部大尉の着任前に空技廠・飛行機部に改造試作させた、斜め銃付き零戦が引き出された。胴体左舷、後部固定風防の下縁から四〇センチほど下に、外側へ三〇度、上方へ一〇度の傾きで突き出し、前方固定銃用の九八式射爆照準器のほかに、「月光」の斜め銃用と同じ三式小型照準器一型が、前部固

零夜戦整備分隊士の小西裕二中尉と、固定風防内に三式小型照準器一型を付けた斜め銃装備の零戦五二型。

定風防の上方左側に取り付けてあった。

機銃も照準器もあさっての方向を向いているのだから、射線の整合は大変だ。進級した先任分隊士の森岡大尉、先任下士官・植松上飛曹、西村一飛曹、山本亨《とおる》二飛曹らが、計算尺を片手に位置決めに従事した。計算で出た弾道の命中点を格納庫の扉に印をつけ、これに照準器の照星を合わせて取り付け角を決めるのだ。斜め銃を対戦闘機戦に使うのには疑問をいだき否定していた森岡大尉も、夜間の重爆攻撃には有効だろうと判断した。

すなおな飛行特性のため、雷撃以外のあらゆる用途に使われた零戦の、派生型の一つと言える夜間戦闘機型の誕生である。当時の零戦の呼び方に「レイセン」と「ゼロセン」の二通りがあったように、斜め銃装備機は「レイヤセン」とも「ゼロヤセン」とも呼ばれ、〝元祖で本家〟の三〇二空ではたいてい後者が用いられた。

## 夜の索敵攻撃

やがて首都圏防空戦で奮戦し、部隊単位で最高の戦果をもたらす三〇二空の、記念すべき初出動は、美濃部流戦法の零夜戦と「月光」のコンビによってなされた。

十九年六月のマリアナ決戦のさい、日本軍にとって必須の前進航空基地だった硫黄島は、艦上機群の集中攻撃にさらされ、美濃部大尉が夜襲隊をめざして手塩にかけた戦闘三一六飛行隊も、ここで不なれな対戦闘機戦に加わって、たちまち壊滅してしまった。

硫黄島空襲は七月に入ってからも続いた。横須賀空の夜戦隊が銃爆撃をこうむった三日の状況から、大本営は本土へ来攻の可能性ありとみて、四日午前九時に本土近海邀撃の東号《とうごう》作戦を発動する。やがて、敵機動部隊は鳥島東方一二〇浬（約二二〇キロ）の情報が入った。東京から六〇〇キロほどの距離だから、北上を続ければ翌五日には京浜地区は敵艦上機の行動半径内に入ってしまう。

七月四日における厚木基地の作戦即応戦力は「雷電」一八機、「月光」一一機、それに乙戦隊の零戦と零夜戦分隊の零戦を合わせた一二機だった。マリアナ戦に進出参加して横空の攻撃力が激減しているとき、横須賀鎮守府司令長官が頼れる麾下部隊は三〇二空だけだ。四日の午後七時五十分に翌日黎明の索敵攻撃命令が伝えられた。

小園司令の指令で、夜間担当の美濃部少佐が案出したのは、かねて抱いていた夜襲戦法。

「月光」一機ずつの五本の索敵線を、七度おきの扇状に南東方海上へ出す。そのあとを、「月光」一機（爆装）と零戦二機を一個小隊とする、合計六個小隊の攻撃隊が追い、索敵機の目標発見の打電を受けたらその方向へ突進する、という段取りだった。零戦の搭乗員はもちろん零夜戦分隊員である。

七月五日の真夜中、午前一時十二分に索敵の「月光」が発進を開始。海軍の壮行礼「帽振れ」に送られた五機は、伊豆大島を基点に三〇〇浬（約五六〇キロ）進出の索敵にかかる。澤田飛曹長から「いちばん若いペアだから、しっかりやってこいよ」と励まされた山辺和男一飛曹と磯村飛長をふくめ、五機全機が二時間で先端に達し、雨雲と海霧《ミスト》の障害にめげず帰ってきた。

しかし六番爆弾二発を付け、零戦をともなう負担があるうえ、後発でいっそう不良な天候が加わった攻撃隊には、アクシデントがあいついだ。

攻撃隊は三個小隊ずつの二個中隊に分かれていた。まず索敵機の一〇〜二〇分後に出た第一中隊について。

一小隊の「月光」は天候悪化のため途中でUターン、零戦の一機は主脚の故障で引き返し、もう一機は単機なのに一六〇浬（三〇〇キロ）進出ののち帰投した。二小隊は「月光」のエンジン不調のため、全機が発進を取りやめた。

不運は三小隊に集中した。大橋飛長の操縦で、後席にラバウル帰りの金子上飛曹が乗った「月光」は、高度三〇〇メートルで片エンジンの回転数が落ち、引き返して厚

古寺力雄飛長は零戦夜襲隊構想のさきがけを務めて帰らなかった。

木基地へ降着にかかったとき、もう一発が停止した。急落して山林に突っこんだが、幸運にも付けたままの爆弾は炸裂せず、ペアはたいした傷を負わなかった。

随伴の零戦のうち、「相手は機動部隊だから」と戦死覚悟で離陸した久保沢君雄二飛曹は、まもなく誘導の「月光」を見失った。行けるところまで行こうと飛行を続けたが、ついに帰還を決め、基地上空と思われるあたりまで帰って、分厚な雲に切れ目を見つけて降下した。海岸線に沿った街の上空を五〜六回往復ののち、不時着水に成功。救助に来た漁船に小田原沖と教えられた。

久保沢二飛曹とともに発進した、丙飛予科練が四期・八ヵ月後輩の古寺《こでら》力雄飛長は、コースを東へはずし、千葉県南端に近い館山航空地付近に墜落。この作戦の唯一の戦死が記録された。

誘導の「月光」の大橋飛長は、引き返しを決めたとき、機長の金子上飛曹が二機の零戦に、この旨を無線で伝えたものと思っていた。それが、発信されたか否かはともかく、少なくとも受信されていなかったのは事実だ。悪条件が重なったこの事故は不可抗力であり、零戦搭乗員の生死を知らされないまま、その後も長く気にかけ続ける大橋飛長に、負うべき責任はいっさいない。

後発の第二中隊が出るころ、雲行きはいっそう悪く変わってきた。各小隊の「月光」、零戦とも、故障の二機をのぞく出動機の多くは早めに帰投。機首を返した「月光」を見失った西村一飛曹は、脚が出ない零戦で厚木基地にすべりこんだ。

三〇二空の初出動は、搭乗員一名、「月光」一機、零戦四機喪失（内二機は大破）して、実りなく終わった。第58任務部隊は四日、父島を攻撃すると引きあげにかかったから、たとえ出動全機が進出予定海域まで飛んでも、攻撃目標を見つけられはしなかった。

だが、作戦に予想外の事態は付きもので、まして位置を常に変える機動部隊を、夜間の悪条件下に少数機で捕らえるのは非常に困難である。かといって、来攻の可能性がある強力な敵を、座視して待つわけにはいかないし、なにより横鎮から出動命令が出ているのだ。

この作戦で、唯一ほめられるべきなのは、多くのハンディを知りつつ敢然と洋上へ飛びたった、下士官兵搭乗員たちの精神力だろう。

## 「銀河」と「彗星」

二つの要因から零戦の夜戦型が使われ始める以前に、別種の夜間戦闘機の設計、試作と実用化が進んでいた。

「月光」の有効性が確定した十八年の夏から秋にかけて、海軍航空本部は愛知航空機に、当初からの夜戦専用機・十八試丙戦「電光」（S1A1。Sは夜戦、Aは愛知を示す）の開発を指示した。それだけ「月光」の働きが、目を見張らせる内容だったからだが、発注主の航本に夜戦についての定見があろうはずがない。

提示された要求性能のうち、最高速力は高度九〇〇〇メートルで三七〇ノット（六八五キロ／時）、上昇力は高度六〇〇〇メートルまで八分、航続力は過荷重時の巡航速力で五時間、離陸滑走距離四〇〇メートル以内、艤装については、エンジンが中島「誉」一二型（離昇出力二〇〇〇馬力）二基、固定武装が十七試三〇ミリ機銃二梃、加えて電波探信儀《レーダー》を装備。

夢のような要求性能は、航本および空技廠の兵科士官と技術士官がひねり出した、手前勝手なおとぎ話としか思えない。当時、情報が入りつつあり、陸軍側で性能推算が始まっていた米軍の新型超重爆撃機、ボーイングB－29を明らかに意識した要求性能で、あわよくば昼間邀撃にも使いたい意向をふくんでいるが、なにを基準に算出した数字なのか理解しがたい。

さらに驚くのは指定の艤装にされた、エンジン、機銃、機上用邀撃レーダーのいずれもが、開発途上の画餅的存在にすぎない実情だ。「誉」はようやく基本型の一一型の生産にかかったところ。十七試三〇ミリ機銃は試作進行中、邀撃レーダーも同様で実物はなかった。海軍の参謀、技術士官の一部には、戦後も長らく陸軍を引き合いに出して笑いものにする傾向があったが、推定の上に推定を積み、ふんだんに希望をまぶした十八試丙戦のありさまこそ、嘲笑されるべきだろう。そのうえ空技廠設計の陸上爆撃機「銀河」との、部品の共通化をはかる要求が加わったのだから、言うべき言葉がない。

愛知・永徳工場で19年8月にでき上がった十八試丙戦「電光」の実大模型。射撃兵装、レーダー、飛行性能のいずれもが実情を無視した過度な要求だった。

試作設計課長の尾崎紀男技師は「重大使命をお

びた機種の試作命令を受けて、全従業員は身にあまる光栄と重責に感激」と手記に書いている。スケールからは第一級の航空機製造会社とは言いがたい愛知が、戦闘機の試作を受注した喜びが表現されているけれども、尾崎技師の本心とは受け取りにくい。技術部長・五明《ごめい》得一郎技師の「非常に難しい要求だった」という率直な感想の方が実際だろう。

こんな官側の場当たり的要求による試作機の、実機未完成の末路はあまり述べる意味がない。もっと実質的な夜戦の登場までの流れを追ってみる。

初代夜戦「月光」のいちばんの難点は、最高速力五〇七キロ／時（一一型）という低速にあった。これは、最良状態の機を腕ききのテストパイロットが飛ばして得たデータだから、戦地で荒っぽく使えば、二〇～三〇キロ／時は下がる。夜戦の存在に気づいたB‐24やB‐25が、投弾後に全速で逃げ出せば、ちょっと追いつきがたい速度だ。

夜戦は戦闘機以外からでも生み出せる。主目標たる敵重爆よりも一割ほど早く、二割ほど運動性がよく、偵察員を乗せられるのなら、どんな機種だろうと斜め銃を積んで夜戦に仕立てられる。とはいえ、この条件に合う飛行機は多くない。複座以上の多座機で、戦闘機につぐ運動性を発揮しうる機体強度をもっているのは、爆撃機（日本海軍では急降下爆撃が可能な機の呼称）だけだ。

すなわち白羽の矢は、艦上爆撃機「彗星」と、陸上爆撃機「銀河」に立つ。十八試丙戦「電光」の試作は命じたものの、実用化はうまくいっても二年は先だから、ピンチヒッターでしのがねばならない。

「月光」と同じ双発との観点から、まず取り上げられた空技廠設計の「銀河」は、中島で生産した一一型が中高度で最高速力五五〇キロ／時と、B－24クラスなら追撃可能なカタログ値を示した。これに斜め銃を付ける丙戦化が決まり、航本は「銀河改」の名で、十九年度（十九年四月〜二十年三月）分一八〇機の生産計画を決めた。

これが仮称「銀河」二一型（P1Y1－S）で、エンジンは「銀河」一一型と同じ「誉」一一型または一二型。操縦席に続く電信席をつぶして九九式二〇ミリ二号銃二梃を斜め銃に装備し、その後方、後部胴体にも同じ武装を取り付けて、上方銃四梃での強力な打撃が期待された。邀撃レーダーの装備も決まっていた。

「銀河」がベースの丙戦にはもう一種、不具合や故障がめだつ「誉」エンジンを三菱「火星」二五型（離昇出力一八五〇馬力）に換装して、川西航空機が改修を請けおった、試製「極光」（P1Y2－S）がある。自重が一三〇キロ軽減したのに、出力低

オレンジ色塗装の試製「極光」1号機。胴体中央部上面の黒い点が20ミリ斜め銃の銃身が出るところ。19年5月3日、川西航空機・鳴尾工場での撮影。

下に加えて、カウリングの形状変化で抵抗が増し、「銀河」一一型にくらべてカタログ値で最高速力が三〇キロ／時ちかく落ちたため、結局は丙戦としては使われなかった。

仮称「銀河」一一型にしても、額面どおりの複座（偵察席は機首内）で二〇ミリ四梃装備の機は作られなかったようだ。しかし、「銀河」夜戦は間違いなく登場し、一個分隊を編成して戦果をあげる。その「銀河」は航本が提示したタイプではなかった。

それを述べる前に、順序を追って「彗星」の夜戦型に登場してもらおう。

やはり空技廠が設計し、生産は愛知航空機で進められた艦爆「彗星」は、ほとんど表面摩擦抵抗だけ、とまで言われた徹底的な空力的洗練策を採り入れた。ゆえに艦爆としては高速性能を発揮し、爆弾なしの一二型はカタログ値で、中高度において五八〇キロ

／時を記録した。実施部隊でふつうに使って、少なくとも零戦なみの速力は出せるわけだ。

「彗星」の運用上のネックは、複雑な水冷エンジン（冷却液を水だけにした液冷エンジン）と、電気駆動を多用した機体の、両方に存在した。とりわけ、ドイツのダイムラー・ベンツDB601Aを国産化した「熱田」エンジンは、流体接手《つぎて》による過給機の無段階変速、燃料噴射装置など複雑な新機構に加え、一体構造のクランクシャフトの仕上がり不良が故障を招き、空冷ばかりを扱ってきた整備員の不なれが加わって、「彗星」の可動率の低さの主因を占めていた。とくに、離昇出力を二〇〇馬力高い一四〇〇馬力に強化した「熱田」三二型は、故障の増加で概して評判が悪かった。

しかし、もとが艦爆だから、機動力は「銀河」よりも高い。機体が小さくて斜め銃は一梃しか積めないが、「熱田」エンジン専修の高等科整備術練習生教程を終えた整備員をそろえれば、夜戦として組織的に使いうる。

**新型夜戦を導入**

ラバウルで四発重爆を撃墜のほか、機動力があるため「月光」にとってひときわ攻撃しにくいB-25を、二五一空で落とした唯一の操縦員、林英夫飛曹長。市川通太郎飛曹長、工藤重敏上飛曹らと十九年二月にトラックから帰り、横空夜戦隊に着任しながら、林飛曹長だけは空技廠・飛行実験部（七月十日付で横空審査部に改編）へ出向して、新機材のテスト飛行を受けもつ任務を与えられた。飛行実験部に、夜戦および夜間戦闘を知る操縦員がいなかったためだ。

マラリアが治まった三月末から彼が乗り始めたのは、「彗星」一二型とは前部固定風防が異なる二式艦偵一二型だ。後部風防まわりを改造したこの機に、ややたって三〇度上方へ突き出す三〇ミリ機銃が付加された。一梃しか装備できないなら大口径火器を、との発想だろう。

この三〇ミリ機銃が九九式二〇ミリ機銃の口径を拡大した二式なのか、日本が独自に設計した唯一の実用航空機銃である十七試（のちの制式化で五式）なのか、判然としない。九九式二〇ミリ二号機銃の通常弾（炸裂弾）一発の炸薬一〇グラム、弾丸重量一二八グラムに対し、二式三〇ミリ機銃はそれぞれ二八グラムと二六五グラムで、初速が若干劣るから威力は約二倍。十七試三〇ミリ機銃なら四一グラムと三五〇グラム、初速は二〇ミリ機銃と同一なので、三・五倍ほどの破壊力があるだろう。

吹き流しを標的に射撃テストを実施したところ、射撃音とともに「彗星」が縦に揺れるのを知った林飛曹長は、この小さな機体では三〇ミリ機銃の反動に耐えられない

横空基地に置かれた夜間戦闘機仕様の「彗星」試作機。斜め銃が出た最後部風防は艦爆型のままだが、生産機の一二戊型では金属製外板に変わる。

と判断。横空夜戦隊長の山田正治大尉に「三〇ミリは『月光』以上の大きさの機でないと無理でしょう」と伝えると、歴戦の夜戦搭乗員の言葉の重みをすぐに理解した大尉は、進言どおり三〇ミリ機銃をあきらめた。「彗星」は軽快でいいけれども、対重爆の夜間邀撃なら安定感にまさる「月光」がベター、が飛曹長の考えだった。

十三期予学のトップを切って、十九年五月なかばに三〇二空に着任した金沢少尉や鞭少尉と同じく、鈴鹿空から横空の夜戦隊に来た黒鳥四朗少尉は、山田大尉が横須賀鎮守府と厚木基地へ出向いて、三〇二空の小園中佐に会っていたのを聞かされている。海軍夜間戦闘機の生みの親と言っていい中佐に、新型機に関した相談に乗ってもらうためで、「彗星」と艦上偵察機「彩雲」が候補に上がっていたという。「彗星」の丙戦化に小園中佐の助言が影響していたのは確実で、三〇ミリ機銃の装備も彼の意向を受けた結果と思われる。

山田大尉は呉市・広《ひろ》の第十一航空廠から「彗星」一二型を空輸し、霞ヶ浦の第一航空廠で九九式二〇ミリ二号機銃四型を装着させた。六月中旬、マラリアの再発から回復した林飛曹長が、試飛行と試射を担当して、使用可能の結論が出た。こうした実用実験でいったん横空側がOKを出すと、はばむ者はいなくなる。小園中佐はその意味で、強力なパートナーを得たと言えるだろう。

みずからのアイディアをふくんだ「彗星」夜戦のテストが横空で進むあいだに、小園中佐は自分の土俵の三〇二空で受け皿作りに取りかかる。

「彗星」夜戦の分隊長は、「月光」の分隊長格として飛んでいた森国雄大尉。もとが艦爆の操縦員だから、うってつけだ。隊員には、五月下旬に着任した十三期予学の操縦員では実施部隊一番のりの秋田（まもなく犬丸に改姓）隆次《りゅうじ》少尉に、「月光」分隊付の金沢少尉と土屋良夫少尉を加えて、やっと二個ペアを作った。

犬丸少尉の操縦訓練は九九艦爆をへて「彗星」へうつるが、斜め銃装備の丙戦・一二戊《ぼ》型がもたらされるのは、十九年の晩夏から初秋にかけて。この間に森大尉はフィリピンの一五三空・戦闘第九〇一飛行隊へ転出し、後任分隊長に水上機出身の藤田秀忠大尉が着任した。隊員は九月に中原三治少尉らが、ついで十月上旬にかけて中《なか》芳光上飛曹、岡田祐一上飛曹ら下士官の幹部クラスと、実用機教程を終えた乙飛十七期の操縦員・増戸興助二飛曹たちが加わって、ようやく規模が分隊らしくふくらんできた。

「彗星」一二型の九九式二号銃四型はベルト式給弾で、箱型弾倉に満載すれば二二〇〜二五〇発。機銃と弾丸を合わせて、フル装備の搭乗員とほぼ同重量だから、爆弾未搭載の一二型より若干は性能が落ちる。それでも「月光」一一型よりは三〇〜四〇キロ／時速かっただろう。

十九年六月、厚木基地にそろった三〇二空の編成は、乙戦の第一飛行隊が「雷電」二個分隊（補助機材の零戦をふくむ）、丙戦の第二飛行隊が「月光」二個分隊、零夜戦一個分隊、そして「彗星」夜戦一個分隊の三種の夜戦からなり、ほかに錬成が目的の陸偵隊が付属していた。

ところが、それから三ヵ月のうちに第二飛行隊に、さらに別種夜戦の分隊が加わる。「月光」を生んだもう一人の功労者、浜野喜作大尉が作った「銀河」夜戦分隊だ。

ラバウルから帰って、偵察員教育の徳島航空隊に分隊長で着任した浜野大尉は、自身を教官職に不向きと見さだめた。高性能のふれこみの新鋭陸爆「銀河」に斜め銃と三号爆弾を積んで、昼夜両方の重爆邀撃をやりたいと考え、徳島空司令の納得を得て上京し、軍令部の源田実中佐に面会した。旧知の間柄《あいだがら》なので話はトントンと進んで、

厚木基地内で浜野大尉（左）と小園中佐（大佐当時）。夜戦および斜め銃の発案・推進コンビだ。

「銀河」五〇機を夜戦化の許可と三〇二空への所属が決まる。大尉は九月一日付であっさり転勤して、ふたたび小園中佐とのコンビが始まった。

自分がお膳立てをしたうえ、トップを務める「銀河」分隊は、当然ながら第二飛行隊に編入された。航空本部が計画した「銀河」夜戦型については、浜野大尉はまったく聞いておらず、偶然の一致だった。

そして、このとき三〇二空に一機だけ、オレンジ色の「極光」が置かれていたのが、もう一つの偶然である。この「極光」は、「彗星」夜戦試作機の飛行テストをすませた林飛曹長が、続いてテストにかかった試作機で、「戦闘機としては大味。『月光』の方が使いやすい」の結論を出したのちの七月中旬、三〇二空への転勤辞令が出た。あとは厚木基地で実用実験をやれという意味なのか、飛曹長はこの「極光」に乗って着任。「月光」分隊に加わり、機は三〇二空の所属に加えられた。

厚木基地で「銀河」一一型改造夜戦153号機への燃料補給と点検整備が進む。

浜野分隊長は人事局へ出かけて搭乗員集めを始め、佐藤碧《みどり》少尉、ついで石河恒夫上飛曹の二人の水上機乗りが十月に転勤してきて、分隊長を加えて一個ペアができた。甲飛一期出身の佐藤少尉に、一期後輩の林飛曹長が試製「極光」の操縦法を伝授。以後、ポツポツと隊員が集まってくる。

三〇二空「銀河」分隊（「極光」分隊とも呼ばれた）の使用機は、中島でもらった完成機に、木更津の第二航空廠で斜め銃を装着した。のちに五式三〇ミリ機銃を一梃付けた機もあったが、たいていは後部胴体から二梃の九九式二〇ミリ二号機銃四型の銃身を突き出していた。航本が生産を決めた斜め銃四梃装備、電信席をつぶした二人乗りの「銀河」二一型は一機もない。「銀河」夜戦を実用したのは三〇二空だけだから、額面どおりの二一型生産機は実際にはほとんど、あるいはまったく作られなかったのだろう。

隊員たちのうち、斜め銃にいちばん手こずり、苦労させられたのは兵器整備員だ。「月光」と零夜戦は一〇〇発（九〇発に減弾して使用）入りドラム弾倉なので、重さは四〇キロちかくもあり、一人で抱えて胴体内に取り付ける苦労は並大抵ではない。

斜め銃用の機銃の確保も、おいそれとは行かなかった。よぶんな機銃は兵器廠ではもらいにくい。最先任の分隊士として率先指導をこころがけた中黒修少尉は、事故の破損機を機銃も壊れた扱いに変えて、員数外を集めた。

### 超重爆への対応

米陸軍の超重爆B－29「スーパーフォートレス」は、当初のトラブル頻出を乗りこえて、第20航空軍隷下の第20爆撃機兵団・第58爆撃航空団に引きわたされ、一九四四年（昭和十九年）三月下旬から米本土を発進。北大西洋を横断し北アフリカをへて、二万一〇〇〇キロの飛行ののち、四月初めにインド・カルカッタの根拠基地に到着し始めた。四月下旬には中国・四川省の成都飛行場群に進出を開始し、ヒマラヤ山脈越えの機材、燃料、物資の空輸に苦労しつつ、六月五日にはタイ・バンコクが目標の、昼間初出撃にこぎつけた。

二回目は、米軍のサイパン島上陸作戦に呼応して、六月十六日の未明に福岡県八幡製鉄所へ投弾。北九州防空を受けもつ陸軍飛行第四戦隊の二式複戦「屠龍」が夜間邀撃し、ここに対B－29本土防空戦の火ぶたが切られた。

成都からのB－29は七月七～八日の夜にも、十数機が佐世保、長崎方面に来襲したが、七日の日本軍首脳部の目は別の方へ向けられていた。増援を受けられないままの守備部隊が力つき、サイパン島が陥落したのだ。

続いてグアム島（七月二十一日に米軍上陸、八月十日陥落）、テニアン島（七月二十三日に上陸、八月一日陥落）が玉砕にいたるのも確実だった。孤島の防備に必須の機動部隊がマリアナ沖海戦に敗れて潰《つい》えたため、マリアナ諸島での反撃は現地守備隊と基地航空兵力の小規模攻撃に限られ、そのまま同諸島は放棄のかたちにされた。

サイパンが落ち、テニアン、グアムが敵手にわたれば、各島はB－29の基地に変わり、太平洋側からの内地大都市への空襲が始まるのは明白だった。そこで本土防空の主担当者・陸軍は七月十七日、防空戦闘機部隊の組織拡充をはかった。中部軍管区（近畿、中部、四国地方）と西部軍管区（九州、中国地方）の飛行団が、東部軍管区（関東、東北地方）と同じく飛行師団に格上げされたのだ。組織の大型化によって、より多くの実戦部隊を隷下にもてるわけである。

自軍関係施設の局地防空を担当する海軍は、機動部隊が放つ艦上機の空襲をもっとも警戒する方針を、サイパン島の失陥によってB－29空襲対策重視に変更。陸軍がなした防空強化の処置にこたえて七月二十一日、三〇二空、呉空・岩国分遣隊、佐世保空・大村分遣隊を、作戦時だけ陸軍の防衛総司令官（本土防衛の最高指揮官）の指揮下に入れる措置をとった。

これら三個戦闘機隊は空襲のさい、それぞれの鎮守府管区を守るとともに、三〇二空は東部軍管区の第十飛行師団、呉空および佐世保空の分遣隊は西部軍管区の第十二飛行師団と協力し、各軍司令官の指示を受けて、鎮守府管区以外の防空にもあたるのだ。防空専任に変わった両分遣隊は、三〇二空にならって乙戦「雷電」と丙戦「月光」の導入にかかった。

三〇二空と両分遣隊の陸軍指揮下への臨時編入は、一見、画期的な陸海軍協同態勢のようだが、実際には陸軍側からの情報提供や邀撃待機空域の指示程度にすぎなかった。そして、それすら半年ともたずに無実化し、陸海軍の戦闘機部隊は思い思いの作戦にそった指令を受けて行動していく。

海軍の邀撃組織の変更はさらに進む。八月一日付の戦時編制の改訂によって、呉空分遣隊と佐空分遣隊を本隊である呉空と佐世保空から切り離し、前者を第三三二航空隊、後者を第三五二航空隊へと改編、昇格させた。

米軍来攻の可能性がうすい日本海側の舞鶴鎮守府をのぞく、横須賀、呉、佐世保各鎮守府に、防空専任のナンバー空を一隊ずつ配備する処置だ。三三二空と三五二空は「雷電」四八機（うち補用一二機）、「月光」一二機（同三機）の充足をめざして動き出す。

けれども、これによって海軍が（陸軍も）防空に本腰を入れたのではなかった。フィリピンあるいは台湾周辺で、全力を投入しての決戦を交えるべく、七月下旬から準備に没頭し始めていた。

**防空戦闘機部隊、三個に**

呉空・岩国分遣隊、別名・呉空戦闘機隊をベースに、山口県の岩国基地で開隊した第三三二航空隊の司令は、トラック諸島で二五一空司令を務めた柴田武雄中佐。飛行長は山下政雄少佐、飛行隊長が倉兼義男少佐で、三名とも艦戦搭乗員の出身だった。

倉兼飛行隊長が「雷電」と零戦の第一、第二分隊の指揮をとったのに対し、当初は第三分隊と呼ばれた「月光」の夜戦隊を、兵学校六十八期、水上機操縦員出身の林正《せい》寒《かん》大尉がひきいた。

呉空で零式観測機に乗っていた林大尉は、「岩国分遣隊に夜戦隊を編成」の話を

三三二空の開隊から1ヵ月余の岩国基地に呉空以来の零戦のほかに、三三二空の新機材である「雷電」と「月光」が入ってき始めた。

内々に打診されて応じ、七月初めに厚木基地の三〇二空へ講習を受けに出かけた。厚木では遠藤大尉らに「月光」操縦の手ほどきを受け、二週間ほどの訓練ののち呉空本隊に帰還。こんどは汽車で中島飛行機・小泉製作所へ行き、二機の「月光」を受領してもどってきた。

水上機と艦戦、双方の搭乗員の気質はまったく違う。とりわけ柴田司令と山下飛行長は個性的な実力者だから、呉空本隊から連れてきた、水上機から転科の下士官搭乗員を指揮しつつ、林大尉は小さな所帯で遠慮がちに訓練を開始した。まもなく編成要員として、横空から間庭理《まにわただし》少尉、渡辺次則《つぎのり》少尉ら予学十三期の偵察員が着任。三〇二空から転勤の大六野《だいろくの》嘉一《よしかず》一飛曹らも加わって、四個ペアを組み、徐々に隊としてのかたちを成してきた。

第三五二航空隊の方は、司令が寺崎隆治大佐、偵察員出身の副長・野村勝《まさる》中佐、艦戦出身の飛行長・小松良民少佐のトリオ。三三二空にくらべてキャリアが一ランクずつ古いのは、同じ大村基地の練習航空隊・大村空との兼任で、ひきいる人数が二倍以上も多かったからだ。飛行隊長の神崎国雄大尉は零戦搭乗員だった。

呉空の場合と同様に、まだ佐空・大村分遣隊だった七月初め、操練三十九期出身の岩永夏男飛曹長が下士官を連れて、三〇二空へ「月光」の受講におもむいた。「雷電」受講の長野一敏飛曹長らも同行している。

岩永飛曹長はジャワ、フィリピンの海を零観で飛びめぐった。単発機のキャリアが長いだけに、双スロットルレバーの慣熟に手こずり、訓練は予定よりやや長引いたが、いったん手の内に入れれば彼の操作が巧妙なのは言うに及ばない。三機の「月光」を受領して、大村基地に帰ってくると、すでに別の「月光」三機が基地に翼を休めていた。三〇二空からの派遣隊である。

七月七日〜八日のB-29夜間空襲で、主目標にされたのが佐世保、大村方面だったのに、大村分遣隊の零戦は発進できなかった。陸軍の飛行第二百四十六戦隊が装備する、離着陸の難度が高い二式戦闘機「鍾馗」に、大村基地から上がられては、海軍のメンツは保てない。佐世保鎮守府からの依頼を受けて、横鎮は三〇二空に「月光」の

大村基地に派遣された三〇二空の「月光」と夜戦搭乗員。座るのは左から櫛野英人二飛曹（操）、赤松寛上飛曹（操）、名和寛一飛曹（偵）。立つのが左から井上進吾上飛曹（偵）、平山智寿一飛曹（操）、野村安蔵一飛曹（操）、岡田常少尉（偵）、村野幾士少尉（操）、川村保治少尉（偵）、稲本安治郎二飛曹（偵）。名和、野村両兵曹が三〇二空付で、ほかは三五二空の丙戦隊員だ。19年夏のスナップ。

大村基地派遣を命じた。

　進出搭乗員は派遣隊長・遠藤中尉―尾崎一男一飛曹、野村安蔵二飛曹―大沼正雄飛曹長、岡戸茂上飛曹―名和寛一飛曹の三個ペア六名。「月光」三機に陸行（汽車）の整備員を加えた三〇二空・大村派遣隊は、七月十日ごろ進出したが、以後一ヵ月のあいだB-29は来襲しなかった。

　その間に、三五二空・丙戦隊の陣容が少しずつ整っていく。佐空本隊では水上機乗りのなかから、夜間戦闘機への転科希望者を募り、操縦員の赤松寛《かん》上飛曹、櫛野《くしの》英人二飛曹、偵察員の半場《はんば》敏之二飛曹らが応じた。インド洋アンダマン諸島での対潜哨戒を振りだしに、南太平洋海戦の索敵にも出た赤松上飛曹、飛練卒業まもない甲飛十一期出身の半場、櫛野両二飛曹と、新旧混合のグループで、七月中旬に大村基地に移ってきた。

佐空司令部がもつ零式輸送機の搭乗員からは、マレー沖海戦にも参加した偵練四十五期のベテラン、二村《ふたむら》繁三上飛曹がコンバートされ、先任下士官の地位についた。変化にとぼしい人員輸送の要務飛行よりも、かつて陸攻で敵戦艦を追った緊張を、「月光」の偵察席に求めたのだろう。

ややおくれて七月下旬、「銀河」陸爆装備の第四〇六飛行隊から十三期予学の偵察員・岡田常《まもる》、住吉茂信、村野幾士、川村保治各少尉が転勤してきて、ひととおりメンバーがそろった。欠けているのは分隊長要員だけである。

### 海軍が初邀撃

佐空・大村派遣隊の丙戦隊要員には、岩永飛曹長ら厚木基地での受講者のほかは、「月光」の搭乗経験者がいなかった。そこで、三〇二空・派遣隊長の遠藤中尉が分隊長の代役を務め、訓練の指導を請けおった。

離着陸から昼間飛行、単機から編隊、擬襲（攻撃訓練）、夜間飛行へと進めるほかに、地上での歩行による対B－29接敵訓練なども実施。雨の日は座学ですごす。遠藤中尉の教育熱心は厚木基地のときと変わらず、大村分遣隊員の多くがそれを認めている。

遠藤中尉と当初ペアを組んだのは、十三期予学のうちで先任だった岡田少尉。中尉の操縦の腕前は他のベテランにくらべて際立《きわだ》つほどではなく思え、着陸ミスで乗機を壊したときもあったが、明るい性格で皆とうちとけて、緻密《ちみつ》で上手な教え方、との隊員の評判に岡田少尉も同感した。遠藤中尉の技倆判断が低めなのは、岡田少尉の搭乗経験の浅さが影響していよう。

佐空・大村派遣隊が三五二空に改編されてから、九日後の八月十日。B－29二九機が成都を発進し、長崎市一帯の軍事施設への爆撃をめざした。

この夜、大陸の支那派遣軍と済州島の陸軍レーダー情報を、福岡市内の西部軍司令部から伝えられた佐世保鎮守府は、警戒警報に続いて午後十一時四十五分に空襲警報を発令。ついで、五島列島の宇久島および福江島・大瀬崎の海軍レーダーが、敵機捕捉を報告してきた。来襲は確実である。

空襲警報の発令から間《ま》を置かず、夜の大村基地を二機の「月光」が離陸した。慣熟度からすれば出撃搭乗員は、三〇二空の遠藤中尉—尾崎一飛曹、岡戸上飛曹—名和一飛曹（あるいは交代して大沼飛曹長）の可能性が高い。海軍戦闘機隊にとって記念すべき対B－29初出撃ではあったが、濃霧と雲の天候不良のため「月光」は会敵できないまま帰投した。

B-29のうち二機は途中で引き返し、三機が八幡方面へそれた。残る二四機から投下された爆弾は、多くが海に落ちて、日本側の実質的な被害は少なかった。B-29のうち一機は帰途に故障を生じて、成都の北東、中国陝西《せんせい》省に不時着している。

夏草がおおう大村基地で整備作業を受ける三五二空の「月光」一一型前期生産機（左）と一一甲型。

第20爆撃機兵団は九州への計三回の作戦を、第58爆撃航空団のB-29搭乗クルーが技倆未熟なため、日本軍の邀撃が手薄な夜間のレーダー照準爆撃にしぼってきた。だが、期待した成果を得られなかったから、四回目は昼間の目視照準爆撃に変更した。

八月二十日の午後二時すぎから、支那派遣軍は上空を航過するB-29の飛行状況を、刻々と西部軍司令部へ伝えてきた。午後四時まえには済州島・摹《も》瑟浦《しっぽ》、ついで五島列島玉ノ浦の両陸軍レーダーから捕捉の報告が入って、西部軍と佐鎮は四時

19年8月20日、来襲した第486爆撃航空群のB-29から見た洞海湾。目標の八幡製鉄所から被爆の煙が激しく上がっている。

半に空襲警報を発令。

「雷電」がまだ出動可能な状態にない三五二空は、零戦を主軸（延べ三三機）に「月光」四機を加えて、大村基地から送り出した。四機のうち三機は三〇二空の派遣隊、一機が厚木へ受講に行った岩永飛曹長の操縦で、後席には稲本安治郎二飛曹が乗っていた。

二十日の朝に、成都周辺の飛行場を発進したB－29七五機のうち、九州上空に達したのは六七機。六一機は主目標の八幡製鉄所をめざし、六機だけがはずれて第二目標の長崎などへ向かった。くもり空へ上昇した丙戦隊の岩永飛曹長は、かなたに見える敵一二機編隊を味方機と思って、反航（向き合う）のかたちでみるみる近づいた。いきなり激しく撃たれ、あわてて離脱し大村基地に帰還。B－29を初めて見たための誤認である。

三〇二空派遣隊の岡戸上飛曹―大沼飛曹長ペアは、ラバウル、ソロモンでいくたびも飛び、前年の七月にはブーゲンビル島を眼下に、B-24二機撃墜の勝ち名乗りをあげている。このとき大村にいた夜戦乗りのなかでは、重爆殺しの唯一の経験者で最強のペアだった。

六〇〇〇メートルの高度へ上昇しつつ、済州島上空までB-29を追う。さらに二〇〇〇メートル上方の敵に接近しかけた大沼機の、右エンジンから滑油が噴き出した。右の油圧計がゼロを指す「月光」を、岡戸上飛曹は片発であやつりつつ、五島列島の福江島への不時着を考えたが、まだ高度が三〇〇〇メートルほどあったので大村へ機首を向け、そのまま無事に降着できた。

三〇二空から派遣された岡戸上飛曹―大沼飛曹長の戦地帰りペアが出撃待機中。

空戦は、腕と乗機の性能がよければ敵機を落とせる、という単純なものではない。敵と味方の位置と数、天候の良否、機器材の調子、それに運が加わった諸条件が、さまざまに影響をおよぼす。

戦果を得られなかった三機の「月光」の分までも、ただ一機で稼ぎ出したかのような、驚くべき勇戦を報告したのが遠藤中尉

―尾崎一飛曹機である。

Ｂ-29と交戦しつつ洋上を飛び続けた遠藤機は、済州島に不時着した。中尉がおそらく済州島の陸軍部隊に頼んで、三五二空の司令部へ打電した報告を、三五二空が戦闘速報として軍令部総長、佐鎮長官などへ、二十一日未明に発信した。その電文では「敵大型機ニ対シ中破三機、小破二機」だったのが、同日の戦闘概報では、上方銃九〇発、下方銃一五〇発により「撃墜確実二、概《おおむ》ね確実一、小破二」に変更された。さらに、翌月にガリ版を切る戦時日誌では「撃墜Ｂ-29二機、撃墜不確実一機、中破二機」に変わっている。

「中破」が「撃墜」に、「小破」が「中破」に格上げされたのには、明らかに作為が感じられる。それは、もちろん遠藤中尉が自主的に仕立てた戦功ではない。

主因は陸軍の戦闘にあったようだ。Ｂ-29の主力を迎え撃った第十二飛行師団は、撃墜二三機（うち不確実一一機）、撃破二五機の大戦果を報じた。ほかに西部高射砲集団が撃墜九機、撃破二〇機である。

これに対し、戦闘速報を出した時点での二五一空の撃墜戦果は、甲戦隊の零戦が報告した確実一機と不確実一機だけだった。交戦した敵機数が違うのだから、戦果の差はあって当然なのに、あまりの大きな開きに体面の危機を感じた佐鎮が、三五二空を巻きこんで、戦果の改訂を手がけたとしか考えられない。南東方面のラバウル、ソロモンではいちども敵機と空戦せず、もちろん撃墜破ゼロだった遠藤中尉は、彼の本意ではなくとも、一挙に「Ｂ－29撃墜王」の座に据《す》えられてしまったのだ。

交戦を続けるうちにエンジンの調子が落ちた乗機で、済州島の陸軍飛行場に不時着した遠藤中尉ペアは、一夜を明かして大村に帰ってきた。代わって岩永飛曹長が、整備員をつれて済州島へ引き取りに出かけ、遠藤機を操縦して持ち帰った。

これが、以後まる一年にわたる「月光」の、対Ｂ－29本土防空戦の始まりであり、初めての戦果であった。

戦闘指揮所前で士官用のひじかけ椅子に座った大村派遣隊長・遠藤中尉。

第58爆撃航空団の損失は、事故によるものをふくめて一四機で、ほかに八機が撃破された。日本側の報告の合計とは大差があるが、空中戦では敵機が地面や海面にぶつかるまで見届けられる機会は少なく、また昼間は重爆に複数機で攻撃をかける場合が多いので、誤認や重複による撃墜数のふくらみは避けられない。高射砲の戦果の誤認率は、距離があるためさらに増す傾向がある。

## 二度目の交戦

昭和十九年八月二十日の空戦のあと、三五二空は丙戦隊の充実をはかった。

まず「月光」五機の追加配備と、すぐに使える搭乗員二個ペアの増員を、戦闘の翌日に大本営海軍部、航空本部の関係部長あてに依頼。これにより大沼飛曹長、岡戸上飛曹、名和一飛曹、野村二飛曹の四名に、九月一日付で三〇二空から三五二空への転勤命令が出された。三〇二空・大村派遣隊として残った遠藤中尉と尾崎一飛曹だけが、九月上旬のうちに厚木基地へ帰っていく。

「月光」五機の追加配備と同時に、零戦一〇機への斜め銃装備を要求した。これは二〇ミリ機銃そのものを要求しているのか、装着作業の技術的労力か、あるいは斜め銃付き零戦を望むのか判然としないが、とりあえず自隊保有の零戦四機を、大村の第二十一航空廠に送りこみ、改修にかからせた。

人員の面で重要なのは、丙戦分隊長の着任だ。三三二空／一四一空・戦闘第八〇四飛行隊の分隊士だった井手伊武《これたけ》中尉は、香取基地に残っていた「月光」を鹿屋へ空輸するると、その足で八月末日に大村基地にやってきた。それまで〝仮分隊長〟を務めていた遠藤中尉と交代し、丙戦隊の結束を固め、士気を高めていく。井手中尉がB-29と初手合わせをするまでには、着任から二ヵ月ちかい間隔があった。

9月25日から10月25日のあいだにB-29（F-13Aか）が撮影した大村基地（左半分）と第二十一海軍航空廠。

四川省・成都の第20爆撃機兵団は、目標を満州・鞍山の昭和製鋼所に変えて、九月に昼間空襲を二回かけ、続いてフィリピン決戦を前に、十月に台湾の航空施設へ三回の爆撃作戦を実施した。前者は継戦能力をそぐ戦略爆撃、後者は作戦能力をつぶす戦術爆撃である。

十月中旬、ワシントンの統合参謀本部の命令で、戦略爆撃の主目標を製鉄所よりも、破壊の効果が早く出る航空機工場に変更。大村の二十一空廠をめざして、二ヵ月ぶりの九州爆撃はB-29七八機の離陸で始まった。

中島・小泉製作所および厚木の三〇二空からの空輸と、事故による損失とで、十月二十日の三五二空

丙戦隊分隊長・井出中尉が戦時日誌を見る。向こうは「草薙（くさなぎ。三五二空の別称）一家」の搭乗員待機所。

の「月光」装備数は八機（うち可動六機）と、わずかに増えた状態だった。

十月二十五日の早朝、大陸の支那派遣軍は敵大編隊の東進を伝えてきた。すでに十月中旬、B－29がインド・カルカッタの根拠基地から成都周辺に集結、との情報を得て警戒態勢に入っていた西部軍司令部は、電報の通報をただちに佐鎮司令部と大村基地へ伝えた。

午前八時四十二分に済州島の陸軍レーダーが敵機群を捕らえる。八時五十五分、五島列島福江島の大瀬崎海軍レーダーに感応すると、五分後に佐鎮は警戒警報を発令。ついで、午前九時半には空襲警報に変わった。

空襲警報の発令を待たず、三五二空の零戦隊は九時二十一分に発信を開始し、その四分後には丙戦隊一番機・井手中尉－二村上飛曹の「月光」が滑走にかかる。七～八分で出動を終えて、佐世保および長崎の西方九〇キロのD哨区へ向かう「月光」は合計六機。その後方の佐世保、大村、長崎上空に零戦（大村空の機をふくむ）と「雷電」が展開し、待機した。晴天で視界は良好だった。

丙戦隊の待機空域は、B－29の飛行コースからずれていたため、捕捉は容易でなかった。以下、一機ずつ「月光」の行動を追ってみよう。

井手中尉―二村上飛曹は長崎県平戸の上空を飛んでいた午前十時五十五分、爆撃を終えて西へすぎゆく敵七機編隊を追撃。五島列島の空域をこえたB－29は、安心したのか速力を落としたため、大瀬崎をすぎた東シナ海上空で追いつき、後下方攻撃をかけた。

敵機の主翼付け根を井手中尉はねらった。弾丸がそれても、操縦席かエンジン部に当たる可能性が大きいからだ。二〇ミリ弾はねらいどおり翼根に命中。発火を認めたけれども、B－29の優れた耐弾装備と消火能力に炎はすぐに消えてしまった。

敵の反撃に電信機を壊され、さらに上方銃が故障した。体当たりででも落とす覚悟の中尉は、使いにくい下方銃を頼りに敵の上方に占位する。航法をベテランの二村上飛曹に任せきって、翼根めがけて攻撃に専念する。連射で確実に火がついたが、「月光」も一二・七ミリ弾を右エンジンなどに九発食って、済州島の飛行場に不時着した。

井手―二村ペアは翌二十六日、大村に帰ってきた。手負いのB－29は、済州島に進出している飛行第五十六戦隊の三式一型戦闘機「飛燕」が追撃して、撃墜おおむね確実と判断された。

三〇二空から転勤の野村二飛曹―大沼飛曹長の二番機は、離陸後エンジンが不調で引き返し、二五分後に再出動。五島列島・中通島《なかどおりじま》の上空で離脱する超重爆四機を見つけ、一機に命中弾を与えた。出撃六機で井手機と、この大沼機が有効な攻撃を加えている。

同じく三〇二空からの岡戸上飛曹機は、今回も不運にみまわれた。名和一飛曹とのペアで福江島を眼下に飛行中、西へ帰るB-29二一機の大編隊を目撃し、すぐ接敵を開始。しかし、八月二十日の空戦時と同様に、またしても右エンジンが止まってしまい、引き返さざるを得なかった。

ほぼ同じ空域で矢倉幸栄飛長―村野少尉搭乗の四番機は、高度八五〇〇メートルで待機。敵は高度を下げつつ帰還するため、機影が視界に入らない。高度を下げたところで、五五〇〇メートルあたりを北西へ飛ぶ七機編隊を認めた。「これはすごい!」。初めて見る白銀のB-29への感嘆を抑えた村野少尉は、すぐさま占位をめざす。だが、高空を長時間飛んで機銃が凍結しており、やむなく離脱し帰途についた。

五番機、平山智寿一飛曹―岡田少尉のペアは、女島の東方海域の上空で敵を望見したが、とても追いつける距離ではなく、交戦の機会を得られないまま、三時間の飛行ののちにもどってきた。

六番機のペアは、今野《こんの》善三郎少尉と伊藤正剛少尉の予学十三期コンビ。高度六五〇〇メートルをごくゆるく降下しつつ離脱していくB-29には追いつけず、二〇分後に福江島の東方で見つけた四機に近づいたら、機銃凍結で射撃不能。これが直ったので午前十一時十分、長崎西方の上空で七機編隊を撃ったが、距離が遠すぎて有効弾にできなかった。

各隊合計の戦果は一四機ほどと多かったのに、確実撃墜は甲戦隊の一機だけ。損害は不時着五機と軽くても、延べ七一機が出動してこの戦果に終わった原因には、三五二空の邀撃不なれのほか、なによりもB-29の高性能があげられる。

前者については、空戦や哨戒飛行の空域が高度八〇〇〇メートルだったため、グリースが凍る機銃凍結二七機（うち「月光」二機）、エンジンのベイパーロック五機（岡戸機をふくむ）と、予想外の故障が頻発《ひんぱつ》。後者については、B-29の高速のため、「雷電」、零戦でも捕捉が難しく、また一撃を加えたぐらいでは撃墜はおぼつかなかった。三五二空司令部は戦闘後の機密電で、「B-29編隊の推定速力は二七〇ノット（五〇〇キロ／時）。零戦五二型では戦闘行動が困難」と中央へ報告している。

第20爆撃機兵団・第58爆撃航空団の出撃機のうち、五九機が主目標の二十一空廠に投弾。動員学徒ら二八五名の生命を奪い、施設にもかなりの損害を与えた。B-29の喪失は二機で、一機は離陸時の事故、もう一機は投弾ののち三五二空機に追われ、撃墜された。ほかに一二機が被弾しており、三五二空の撃破数とさほどの開きはないようだが、「火を吐かせた五機は撃墜おおむね確実」「黒煙を吐かせた四機は不時着の可能性大」とみなした希望的判定はやはり甘かった。

九州でB-29邀撃の序盤戦が戦われているうちに、フィリピンでは決戦の幕が上がり、本州の大都市を襲う米軍の準備も整いつつあった。「月光」はどちらの戦場にも、ふかく関わっていく。

（後編に続く）

本書は二〇〇五年一月・大日本絵画刊「日本海軍夜間邀撃戦」一章〜五章までを改訂、改題しました。

ＮＦ文庫

海軍夜戦隊史〈部隊編成秘話〉
二〇二四年十月二十三日　第一刷発行
著　者　渡辺洋二
発行者　赤堀正卓
発行所　株式会社　潮書房光人新社
〒100-8077　東京都千代田区大手町一-七-二
電話／〇三-六二八一-九八九一(代)
印刷・製本　中央精版印刷株式会社
定価はカバーに表示してあります
乱丁・落丁のものはお取りかえ
致します。本文は中性紙を使用

ISBN978-4-7698-3376-5　C0195
http://www.kojinsha.co.jp

NF文庫

## 刊行のことば

第二次世界大戦の戦火が熄《や》んで五〇年——その間、小社は夥しい数の戦争の記録を渉猟し、発掘し、常に公正なる立場を貫いて書誌とし、大方の絶讃を博して今日に及ぶが、その源は、散華された世代への熱き思い入れであり、同時に、その記録を誌して平和の礎とし、後世に伝えんとするにある。

小社の出版物は、戦記、伝記、文学、エッセイ、写真集、その他、すでに一、〇〇〇点を越え、加えて戦後五〇年になんなんとするを契機として、「光人社NF（ノンフィクション）文庫」を創刊して、読者諸賢の熱烈要望におこたえする次第である。人生のバイブルとして、心弱きときの活性の糧《かて》として、散華の世代からの感動の肉声に、あなたもぜひ、耳を傾けて下さい。